Bernhard Hubmann / Harald Fritz
Die Geschichte der Erde

Bernhard Hubmann / Harald Fritz

Die Geschichte der Erde

marixverlag

Bibliografische Information der Deutschen Nationalbibliothek
Die Deutsche Nationalbibliothek verzeichnet diese Publikation in der
Deutschen Nationalbibliografie; detaillierte bibliografische Daten sind
im Internet über
http://dnb.d-nb.de abrufbar.

© by marixverlag in der Verlagshaus Römerweg GmbH, Wiesbaden 2015
Covergestaltung: Kerstin Göhlich, Wiesbaden
Bildnachweis: Great Prismatic Spring, one of the largest hydrothermal features
in Yellowstone National Park; Foto: Tom Murphy
Satz und Bearbeitung: SATZstudio Josef Pieper, Bedburg-Hau
Der Titel wurde in der Palatino Linotype gesetzt.
Gesamtherstellung: CPI books GmbH, Leck – Germany

ISBN: 978-3-7374-0985-8

www.verlagshaus-roemerweg.de

INHALT

Vorwort

Die Erde unterscheidet sich deutlich von anderen uns bekannten Planeten, speziell dadurch, dass sie eine sehr bewegte Geschichte mit erstaunlichem »Eigenleben« hat. Nicht nur, dass sie als einziger Himmelskörper eine stattliche Menge freies Wasser aufweisen kann, besitzt sie zusätzlich eine Gashülle, ist geologisch aktiv und beheimatet (höheres) Leben. Diese wenigen Eigenschaften sind es, die in ihren Wechselwirkungen zueinander die Erde ständig im Laufe ihrer Geschichte verändert haben. Das Wasser, das immerhin etwa 70 % der Oberfläche einnimmt – womit unser Planet dem Namen »Meer« eher gerecht wird als »Erde« – ist nicht nur Ausgangspunkt des Lebens gewesen, sondern hat auch das Festland entscheidend beeinflusst. Zum einen gestalten die anbrandenden Meereswellen die Küsten, indem sie diese erodieren, zu flachen Ebenen umgestalten oder den Lebensraum kilometerlanger, den Festländern vorgelagerter Riffe ermöglichen. Dadurch, dass die Erde eine Atmosphäre hat, wird ständig das an der Meeresoberfläche verdunstete Wasser über Winde zum Festland transportiert, wo es zu Niederschlägen kommt und Verwitterungsprozesse die Oberflächen der Kontinente verändern. Weniger offensichtlich ist, dass Wasser auch das Innere unserer Erde gestaltet. Es erniedrigt den Schmelzpunkt von Gesteinen, senkt deren Festigkeit und macht somit die Bildung von Kontinenten und die Bewegung der Kontinentalplatten erst möglich.

Aber nicht nur auf das Äußere der Erde wirken gestaltende Prozesse. Kräfte aus dem heißen, aus zähflüssigem Gesteinsmaterial bestehenden Erdmantelbereich sind in der Lage, weitflächige Gesteinsplatten und mit ihnen ganze Kontinente zu verschieben. Bis zu 10 cm oder mehr pro Jahr betragen solche Lageveränderungen, die mit Erdbeben und Vulkanismus dramatisch einhergehen. Nach 20 Millionen Jahren könnte sich – solche Geschwindigkeiten in eine Richtung fortgesetzt – ein Kontinent entlang eines Längengrades vom Südpol zum Nordpol bewegen. Auf dieser beachtlichen Wegstrecke gelangen terrestrische und randmarine Lebensräume in andere Klimazonen und stellen das Leben vor geänderte Situationen. Lebewesen reagieren auf solche Veränderungen, in dem sie sich selbst verändern. Diese Dynamik des Lebens kann man mit dem Wort »Evolution« gleichsetzen. Vorgänge, die Kontinente zum Driften bringen, bei Kollision geologischer Platten Gebirge erzeugen und Gesteine im Mantel recyceln, nachdem diese an Tiefseegräben »verschluckt« werden, fasst man als »Plattentektonik« zusammen. Letztere bestimmt zudem maßgeblich die langfristige Klimaentwicklung, denn die Lage der Kontinente ist entscheidend für das Muster der Ozeanströme und damit des Wärmetransportes, der Windsysteme, etc.

Plattentektonische Vorgänge haben unseren Planeten in seinem Erscheinungsbild mehrfach total verändert. Epochen mit kleinen kontinentalen Schollen haben mit Epochen mit Großkontinenten gewechselt, Kaltzeiten haben eine oder beide Polregionen unserer Erde mit Eispanzern überzogen, Megawüsten sind durchgehenden Vegetationsdecken gewichen, biologische Vielfalt wurde durch Massenaussterbeereignisse auf ein Minimum reduziert, gewaltige Vulkanereignisse überströmten Festländer. Aber auch aus dem Weltall trafen extraterrestrische Boliden die Erde.

Diese sehr dynamische Geschichte aus den viele Millionen Jahre alten Archiven zu erfassen, die die Gesteine darstellen, ist die spannende Aufgabe der Geologie. Jahr für Jahr erweitert sich die Kenntnis um die Entstehung der Erde und des Lebens auf ihr. Jährlich erweitert sich auch das Wissen um die Entwicklung unseres Planeten und um die Prozessabläufe, die dafür verantwortlich waren und weiterhin sind.

Dieses Buch versucht sich der Herausforderung zu stellen, die fast 4,6 Milliarden Jahre umfassende Geschichte der Erde im vorliegenden Seitenumfang darzulegen. Damit schließt sich zwar eine umfassende Darstellung aus. Es wurde aber versucht, die wichtigsten Stationen in der Entwicklung unseres Planeten zu beleuchten und Prozesse aufzuzeigen, die zu den jeweiligen Entwicklungsstadien und letztendlich zum heutigen Zustandsbild der Erde geführt haben. Damit gleicht die hier skizzierte Erdgeschichte der Lebensbeschreibung einer Person, in der nur die markanten Eckdaten akzentuiert werden. Das vorliegende Buch soll sich daher als eine »Biografie unserer Erde« verstehen.

Seitens des Verlages waren keine Abbildungen geplant. Dadurch unterscheidet sich das vorliegende Werk auch deutlich von allen einschlägigen Lehrbüchern, die sich allesamt durch reichhaltiges Fotomaterial und Grafiken auszeichnen, die den oft komplexen Text unterstützen. Die Vorgabe auf Abbildungen zu verzichten war zunächst eine besondere Herausforderung, stellte aber andererseits die Möglichkeit dar, ein »Lesebuch« über unsere Erde zu verfassen! Dem »Lesebuch«-Charakter Rechnung tragend, haben die Autoren auch die verwendete Fachliteratur nicht im Text zitierend eingearbeitet, sondern eine Auswahlbibliographie am Ende des Buches angefügt.

Aus Staub geboren.
Kollaps einer Materiewolke und der Beginn der Erde

Die Geburt unserer Erde aus einer interstellaren (= »Raum zwischen den Sternen«) Gaswolke ist intensiv mit der Entstehungsgeschichte unseres Sonnensystems und unserer Heimatgalaxie, der Milchstraße verbunden. Etwa 30.000 Lichtjahre vom Zentrum der Milchstraße entfernt, ereignete sich vor ca. 4,57 Milliarden Jahren für das Universum etwas relativ Alltägliches: Die zur Hauptsache aus Wasserstoff und Helium und nur zu geringen Anteilen aus mikroskopisch kleinen Staubteilchen von Kohlenstoff- und Siliziumverbindungen, Wasser und anderen Stoffen (= Interstellare Materie oder kurz ISM) zusammengesetzte Wolke wurde »gravitationsinstabil«. Die anfangs nur langsam rotierende Wolke zog sich infolge der eigenen Schwerkraft zusammen. Dadurch erreichte sie eine hohe Rotationsgeschwindigkeit vergleichbar mit einer Balletttänzerin oder Eiskunstläuferin, die zu einer Pirouette ansetzt, in dem sie sich zunächst mit ausgestreckten Armen dreht, dann aber die Arme an den Körper anlegt und somit die Drehung beschleunigt (= Drehimpulserhaltung). Dabei verdichtete sich die Materie durch die Schwerkraft und es kam zu einer gewaltigen Massenansammlung im Rotationszentrum. Denn nur auf elliptischen Bahnen um ein Massezentrum herrscht ein Gleichgewicht zwischen Schwerkraft und Zentrifugalkraft, während die Materie außerhalb der sich drehenden Scheibe nicht im Gleichgewichtszustand ist und gravitativ in das Zentrum gezogen wird, oder ins Weltall entflieht.

Dieses Szenario einer kollabierenden Gaswolke ist kein einheitlicher Vorgang. Die Wolke zerfällt vielmehr in verschiedene Teilbereiche. Innerhalb der ursprünglich mehrere hundert Lichtjahre an Ausdehnung messenden Wolke ent-

steht eine Vielzahl an Fragmenten, die 0,1 bis 100 Sonnenmassen an Masse enthalten und in deren Zentren die Materie immer dichter und heißer wird. Die Kontraktionspro-
zesse kommen erst dann zum Erliegen, wenn der innere
Gasdruck, der durch die Verdichtung ansteigt und der Kontraktion entgegenwirkt, und der äußere Druck durch Gravitation – der die Kontraktion bewirkt – im Gleichgewicht sind.
Schließlich bildet sich ein kugelförmiger Gasball, ein Protostern.

Der Protostern erhält zunächst aufgrund der Gravitationskraft einen stetigen Massezuwachs (= »Masseakkretion«) aus
der ihn umgebenden Wolke. An der Akkretionsstoßfront
(= »accretion shock«) werden die mit hohen Geschwindigkeiten eintreffenden Gasmoleküle stark abgebremst, wobei die
kinetische Energie der Teilchen in thermische Energie umgewandelt wird und zur Aufheizung führt. Die Stoßfront emit-
tiert in den ersten 100.000 Jahren intensiv Infrarotstrahlung
(= sichtbarer Lichtbereich und längerwellige Strahlung; 1 mm
bis 0,00078 mm). Schließlich erreicht die akkumulierende
Masse eine kritische Größe, die durch die in Wärme umge-
setzte Gravitationsenergie die Temperatur im Inneren auf etwa 10 Millionen Grad ansteigen lässt. Bei dieser hohen Temperatur springt das sogenannte »Wasserstoffbrennen« (auch
»Deuteriumbrennen«) an, die Kernfusion von Wasserstoff zu
Helium. Im Zuge der »Proton-Proton-Reaktion«, bei der vier
Atomkerne des Wasserstoffs (^1H) in mehreren Teilschritten
zu einem um 0,635 % geringere Masse aufweisenden Heli-
um-Atom (^4He) verschmelzen, wird der anfallende Massen-
verlust (= Massendefekt) nach der Einstein'schen Gleichung
der Äquivalenz von Masse und Energie, $E = mc^2$, in erhebliche Energiemengen umgewandelt.

Während dieses Stadium erreicht wird, oder relativ kurz
davor, kommt es vermutlich durch die hohe Rotationsgeschwindigkeit und die Wirkung der sehr starken Magnetfel-
der zu »bipolaren Ausflüssen«. Beiderseits der Rotationsachse werden Materieströme mit Geschwindigkeiten bis zu 300

Kilometer pro Sekunde senkrecht zur Rotationsebene vom Protostern weg ausgestoßen. Protosterne, die sich in dieser Entwicklungsphase befinden, werden als T-Tauri-Sterne (= TTS) bezeichnet. Sie sind im Orionnebel, der mit bloßem Auge am Firmament sichtbar ist und ein hochaktives Sternentstehungsgebiet in unserer galaktischen Nachbarschaft darstellt, zu beobachten. Ein solcher Himmelskörper, der ein Alter von weniger als eine Million Jahre hat, ist noch nicht im hydrostatischen Gleichgewicht, daher ereignen sich auf ihm noch heftige Ausbrüche. Innerhalb der folgenden Stabilisationsphase, die einige zehn Millionen Jahre dauert, entwickelt sich der Protostern zu einem Stern.

Als Stern im astronomischen Sinn wird ein massereicher, selbstleuchtender Himmelskörper aus Gas und Plasma (= vollständig oder teilweise ionisiertes Gas, wie man es von Leuchtstofflampen kennt) verstanden, der in seinem Inneren so hohe Temperaturen entwickelt, sodass Kernfusion in Gang gesetzt und die dabei entstehende Massedifferenz in Energie umgewandelt wird.

Auf die geschilderte Weise entstand auch das Zentralgestirn unseres Planetensystems, nämlich die Sonne. Unsere Sonne wandelt pro Sekunde 600 Millionen Tonnen Wasserstoff in 596 Millionen Tonnen Helium um. Dieser Vorgang geht auf die Substanz, denn pro Sekunde wird sie um 4 Millionen Tonnen leichter. Aber nicht nur das: Die fehlende Masse wird vollständig in Energie umgewandelt. Die pro Sekunde freigesetzte Energie würde ausreichen, um den gegenwärtigen europäischen Energiebedarf für etwa 4 Millionen Jahre zu decken. Seit ihrer Entstehung hat die Sonne in ihrem Kern rund 14.000 Erdmassen Wasserstoff in Helium umgewandelt. Dabei sind 90 Erdmassen an Energie frei geworden.

Im Laufe ihrer Entwicklung hat die thermonukleare Strahlungsleistung der Sonne um etwa 30 % zugenommen. Diese liegt heute bei $3{,}85 \times 10^{26}$ Watt, wobei $1{,}7 \times 10^{17}$ Watt pro Sekunde auf die angestrahlte Erdhälfte zukommen. Im Mittel wird derzeit nahezu ein Drittel der eintreffenden Energie von Aerosolen (= feste und flüssige Schwebeteilchen) in der Atmosphäre, von Wassertropfen in den Wolken und der Erdoberfläche selbst reflektiert und gelangt so wieder zurück ins Weltall. Rund die Hälfte der Sonnenstrahlung wird von der Erdoberfläche absorbiert und gespeichert, in Form von thermischer Konvektion (Luftströmung auf Grund von Dichteunterschieden) und als langwellige Wärmestrahlung in die Atmosphäre eingebracht, oder für die Umwandlung von Wasser in einen anderen Phasenzustand (z. B. für das Abschmelzen von Eismassen, die Wolkenbildung) verwendet (= latente Energie/Wärme). Schließlich ist die Energie der Sonne auch der Motor der oxygenen Fotosynthese: Erst durch diese einzigartige Fähigkeit »pflanzlicher« Organismen, das atmosphärische Kohlenstoffdioxid und das Wasser mittels Verwertung der Lichtenergie zum Aufbau von Kohlehydraten als Energiequelle zu nutzen, wurde die wesentliche Grundlage für die Entwicklung des irdischen Lebens in den heute bekannten Formen geschaffen. Als Nebenprodukt des Fotosynthese-Prozesses entsteht Sauerstoff. Sauerstoff wiederum macht die effektive Verwertung von Nährstoffen durch die aerobe Respiration (Oxidation) heterotropher Organismen – diese benötigen zur Ernährung energiereiche organische Stoffe, die sie nicht selbst herstellen können – erst möglich.

Kehren wir nochmals zurück zur Gaswolke, aus der die Sonne entstand. Sie hatte nach Modellrechnungen eine Ausdehnung von 65 Lichtjahren (= ca. 615 Billionen km) und bestand wie die heutigen beobachtbaren interstellaren Wolken, neben der quantitativ dominierenden Gasphase (Wasserstoff und Helium) zu sehr geringen Anteilen (vermutlich deutlich unter 1 %) aus Staubteilchen. Diese Staubteilchen, die kleiner als Rußpartikel in Zigarettenrauch sind, setzen sich aus schwereren Elementen und Verbindungen, wie Wasser (H_2O), Kohlenstoffmonoxid (CO) und Kohlenstoffdioxid (CO_2), einigen kurzkettigen Kohlenstoffverbindungen, Ammoniak (NH_3) und unterschiedlichen Siliziumverbindungen zusammen und sind von einer gefrorenen Schicht aus Wasser, Kohlenstoffdioxid, Methan (CH_4) und Schwefelwasserstoff (H_2S) umgeben. Der Wasserstoff und der überwiegende Teil des Heliums war bereits beim Urknall vor 13,8 Milliarden Jahren gebildet worden, als Materie, Raum und Zeit entstand und damit das Universum zu existieren begann. Die schwereren Elemente und Verbindungen hingegen, die den »Staub« der Wolke aufbauten, waren im Innern von Sternen erzeugt worden, die am Ende ihres Lebenszyklus vermutlich vor sechs Milliarden Jahren explodierten und dabei diese Elemente und Moleküle als »Sternenstaub« freigesetzt hatten. Während so einer Explosion, die man als »Supernova« bezeichnet, kollabierte ein massereicher Stern, mit einer Anfangsmasse von mehr als acht Sonnenmassen, nachdem dieser all seinen nuklearen Brennstoff aufgebraucht hatte. Dabei entsteht ein sogenanntes »Schwarzes Loch«. Oder es kollabierte ein Stern mit geringerer Masse durch Eigengravitation und explodierte danach. Dabei entsteht ein sogenannter »Weißer Zwerg«.

Die Materiedichte einer Gaswolke ist äußerst gering und könnte beinahe als Vakuum bezeichnet werden, denn in einem Kubikzentimeter befinden sich nur etwa 1.000 Teilchen. Im Vergleich dazu enthält ein Kubikzentimeter der Stratosphäre in über 20 km Höhe immerhin noch etwa fünf Billionen Moleküle. Dennoch vereinigt eine typische interstellare Wolke eine Gesamtmasse von bis zu 10.000 Sonnenmassen, das entspricht mehr als drei Milliarden Erdenmassen, in sich.

Der auslösende Grund, warum sich die Materiewolke zusammenzog und verdichtete ist unbekannt, denn zunächst war sie über einen sehr langen Zeitraum stabil, weil der nach außen wirkende Gasdruck und die nach innen wirkende Gravitationskraft einander die Waage hielten. Den Anstoß zum Kollaps könnte eine relativ nahe zur Wolke erfolgte Sternenexplosion gegeben haben, deren Druckwelle durch die Wolke wanderte und zu Verdichtungen in den einzelnen

Fragmenten führte. Zusätzlich zum bereits geschilderten Ablauf der Entstehung der Protosonne bildeten sich später die Planeten, Asteroiden und weitere feste Bestandteile des Sonnensystems in der scheibenartigen Materieansammlung (= protoplanetare oder zirkumstellare Scheibe) um die junge Sonne. Dabei ist anzumerken, dass etwa 99,9 % der Materie der Gaswolke in die Bildung des neuen Sterns, unserer Sonne, eingingen und die restlichen 0,1 % zunächst als Staubteilchen existierten, die in weiterer Folge koagulierten, indem sie durch chemische Bindung oder Oberflächenspannung miteinander verklebten. Auf diese Weise entstanden schließlich Körper, die Meter- bis Kilometer-messende Durchmesser erreichen konnten. Solche Materiebrocken werden als »Planetesimalen« bezeichnet. Durch ihre eigenen Anziehungskräfte führten diese zahlreiche Kollisionen mit weiteren Planetesimalen herbei und »akkretierten« schließlich zu Protoplaneten. Protoplaneten hatten zunächst etwa die Größe unseres heutigen Mondes, waren aber vermutlich bereits gerade genügend massereich, sodass sich ein hydrostatisches Gleichgewicht einstellte und die Körper annähernde Kugelform ausbilden konnten. Weiteres Wachstum durch Akkretion ließ die Himmelskörper schließlich zu dominierenden Objekten auf ihrer Umlaufbahn werden. Sie haben im Laufe der Zeit mittels ihrer Gravitationsfelder alle Objekte, die in ihrem Einflussbereich waren, einem Staubsauger vergleichbar, in sich »aufgesaugt«. Aus den Protoplaneten sind so Planeten entstanden. Inzwischen war auch der Planetennebel durch die gravitative Kontraktion bereits auf eine Ausdehnung von »nur« mehr rund 200 astronomischen Einheiten (astronomische Einheit = mittlerer Abstand Sonne-Erde; entspricht etwa 149,6 Millionen km) geschrumpft.

Die entscheidende Rolle in der Zusammensetzung der Planeten spielte der Abstand zur Sonne. Während in Sonnennähe schwerflüchtige Elemente und Verbindungen kondensieren konnten, wurden leichtflüchtige Gase hingegen durch den aus Elementarteilchen bestehenden Sonnenwind »weggeblasen«. Somit entstanden der Sonne näher gelegen die inneren Planeten, Merkur, Venus, Erde und Mars mit festen silikatreichen Oberflächen in denen die Elemente Sauerstoff (O), Eisen (Fe), Nickel (Ni), Silizium (Si), Aluminium (Al), Magnesium (Mg) und Calcium (Ca) stark angereichert, die leichten und leichtflüchtigen Elemente wie Wasserstoff (H), Helium (He), Kohlenstoff (C), Stickstoff (N) und Edelgase aber stark abgereichert sind. In den kälteren Außenregionen dagegen konnten sich auch die leichtflüchtigen Gase Wasserstoff (H), Helium (He) und Methan (CH_4) in großen Massen sammeln und die Gasplaneten Jupiter, Saturn, Uranus und Neptun bilden.

Anteile der Materie, die nicht in die Bildung der Planeten eingingen, verbanden sich zu den weitaus kleiner dimensionierten, bis etwa 20 km im Durchmesser messenden und vor allem aus gasförmigen und festen Teilchen bestehenden Kometen mit Eiskernen und Asteroiden. Letztere können einige 100 km Durchmesser erreichen. Der Großteil dieser Himmelskörper befindet sich im Asteroidengürtel, auch Planetoidengürtel oder Hauptgürtel genannt, der sich zwischen den Planetenbahnen von Mars und Jupiter befindet. Der Umstand, dass in diesem Bereich das Wachstum anderer Himmelskörper aus Planetesimalen behindert wurde, steht mit dem gravitativen Einfluss des Protojupiters im Zusammenhang. Die Objekte des Asteroidengürtels blieben jedenfalls seit der Frühzeit unseres Planetensystems nahezu unverändert und liefern somit wertvolle Hinweise über die physikalisch-chemischen Bedingungen während der frühen Entstehungsgeschichte. Indizien, die auch auf das Alter unseres Sonnensystems schließen lassen, können aus der Untersuchung von kosmischem Gesteinsmaterial dieser Region, welches in das Schwerefeld der Erde geriet und in Form von Meteoriten auf die Erdoberfläche gelangte, gewonnen werden. Insbesondere den kohlenstoffreichen Steinmeteoriten kommt dabei spezielles Interesse zu. Diese sogenannten »kohligen Chondriten« enthalten bis zu drei Prozent Kohlenstoff in

Form von Graphit, Karbonaten und organischen Verbindungen, darunter auch Aminosäuren. Sie enthalten zudem die ersten und somit ältesten schweren chemischen Elemente, die im Sonnensystem durch Akkretion zusammengefügt worden sind und sie waren nach ihrer Entstehung keinen nennenswerten Veränderungen durch höhere Temperaturen ausgesetzt. Speziell die Calcium- und Aluminium-haltigen Mineralien (= CAI; »Ca-Al-rich Inclusions«) dieser Meteoriten sind von Interesse, da sich diese bereits bei verhältnismäßig hohen Temperaturen von etwa 1.800 °C aus der sich abkühlenden Gaswolke bildeten. Mit Hilfe der Uran-Blei-Datierung, die als Grundlage die Mengenverhältnisse des radioaktiven Zerfalls der Uran-Isotope ^{238}U und ^{235}U in die Blei-Isotope ^{207}Pb und ^{206}Pb zur Altersbestimmung nutzt, konnte für die »CAIs« ein Bildungsalter von etwa 4,5682 Milliarden Jahren errechnet werden. Das ist also der Zeitpunkt der Bildung der Planetesimale und legt somit das Entstehungsalter unserer Planeten, wie auch unserer Erde fest. Auf der Oberfläche unseres Heimatplaneten finden wir, durch verschiedene geologische Prozesse verursacht, allerdings keinerlei Gesteine, die in die Entstehungszeit zurückreichen.

In nur etwa 100.000 Jahren nach ihrer Entstehung hatten sich aus den Planetesimalen des frühen Sonnensystems planetare Körper von der Größe des Erdmondes bzw. des Mars entwickelt. Die Protoerde, die durch Akkretion hunderter zehn Kilometer großer, einiger Dutzend 100 km großer und vielleicht sogar mondgroßer Körper angewachsen war, torkelte, da sie nicht wie heute von einem Satelliten (Mond) in ihrer Bewegung stabilisiert wurde, auf ihrer Bahn. Auch erinnerte ihre Gestalt zunächst eher an einen Klumpen, denn die kugelige Form bildete sich erst später aus. Erst ab einem Durchmesser von mehreren hunderten Kilometern war die eigene Gravitationskraft stark genug, um alle Masse intensiv zum Mittelpunkt des Körpers zu ziehen, womit Ausbeulungen und Vertiefungen des jungen Planeten verschwanden und sich eine annähernde Kugelform einstellte. In diesem

Stadium stand die Erde unter Dauerbeschuss aus dem Weltall. Bei jedem Aufschlag kosmischer Körper wurde praktisch die gesamte kinetische Energie in Wärme umgewandelt, was dazu führte, dass die Erde einem Magmaball glich. Um eine Vorstellung zu bekommen: Ein kosmischer Bolide kann im heutigen Sonne-Erde-System mit Geschwindigkeiten von 42 bis 72 km/s – das sind 150.000 bis 260.000 km/h – eintreffen. Hat solch ein Körper einen Durchmesser von etwa einem Kilometer, so setzt sich beim Einschlag die Energie von rund 250.000 Hiroshima-Bomben frei.

Während der Phase des ständigen Massezuwachses durch einschlagende extraterrestrische Körper, war die Erde auf etwa zwei Drittel ihrer heutigen Größe angewachsen. Die akkretierte Materie hatte sich durch die, bei den Einschlägen der Planetesimale freiwerdende Gravitationsenergie, sowie durch radioaktive Zerfallsprozesse auf mehr als 2.000 °C erhitzt und begann sich nach dem spezifischen Gewicht zu entmischen. Dabei entstanden zwei unterschiedliche Gesteinsschmelzen. In Eisenschmelzen fanden sich siderophile (= »Eisen-liebende«) Elemente, wie Nickel, Kobalt, Kupfer, Zinn, Gold, Platinmetalle etc. zusammen. In den Silikatschmelzen, in denen sich die lithophilen (= »Stein-liebende) Elemente anreicherten, waren dominant die Elemente Sauerstoff, Aluminium, Silizium, Natrium, Kalium, Magnesium, Calcium etc. vertreten. Die schwerere Metallschmelze wanderte Richtung Mittelpunkt der jungen Erde, während die Silikatschmelze gegen die Oberfläche hin verdrängt wurde. Im Zuge lange andauernder Differenzierungsprozesse entstand somit über dem schweren Eisenkern ein Mantelbereich mit Gesteinen mittlerer Dichte aus Magnesium- und Eisenverbindungen und Silikaten und darüber eine Außenkruste aus leichtem Material, das durch Sauerstoff, Silizium, Aluminium, Calcium und Natrium dominiert wird.

Etwa 95 Millionen Jahre nach der Geburt unseres Sonnensystem, während die Erde beinahe ihre ersten Differenzierungsprozesse abgeschlossen hatte und bereits 90 % der heutigen Masse aufwies, kam es zu einem dramatischen Ereignis: Sie kollidierte mit einem etwa Mars-großen Objekt unter einem Winkel von etwa 45°. Das war praktisch nur ein Streifschuss, allerdings bei einer Geschwindigkeit von etwa 14.500 km/h. Der Kollisionsgegner der Erde wird »Theia« genannt. Theia dürfte sich vor dem Zusammenstoß an einem Gleichgewichtspunkt (= »Lagrange-Punkt«) im System Sonne-Erde entwickelt haben, wo zunächst die Anziehungskräfte von Sonne und Erde auf Theia mit der Zentrifugalkraft im Gleichgewicht standen. Als durch Massezuwachs Theia etwa zehn Prozent der Erdmasse erlangte, wurde dieses Gleichgewicht gestört und es kam zum Zusammenstoß, bei dem Theia selbst zerstört wurde. Im Zuge des Impakts (= Einschlag, Aufprall) wurden Material von Theia wie auch Teile des Erdmantels in den Erdorbit geschleudert, während sich die Eisenkerne der beiden Himmelskörper in der Erde vereinigten. In weniger als 100 Jahren verdichtete sich das Kollisions-Material, das die Erde umkreiste zum Proto-Mond, der die übrigen Trümmer »einsammelte« und sich nach knapp 10.000 Jahren zum Mond mit annähernd heutiger Masse verdichtete. Die Erde bekam durch diese Katastrophe einen Massezuwachs, aber auch einen verstärkten Drehimpuls. Ihre Rotationsperiode betrug nach dem Impakt etwa fünf Stunden.

EIN PLANET IN DEN BESTEN JAHRMILLIONEN

Aus der Sicht seiner Bewohner nimmt die Erde eine äußerst günstige Position innerhalb der Planeten des Sonnensystems ein und sie hat auch das richtige Alter, um habitable (lebensfreundliche) Bedingungen zu gewährleisten. Diese Bedingungen werden oft, in Anlehnung an das Märchen des englischen Dichters Robert Southey (1774–1843) »Goldlöckchen und die drei Bären«, als »Goldilock-Prinzip« bezeichnet. Im Märchen leben drei Bären, ein großer, ein mittlerer und ein kleiner Bär, in einem Haus im Wald. Jeder hat eine eigene Schüssel mit Brei und während der Brei nach der Zubereitung auskühlt, gehen die Bären im Wald spazieren. Das Mädchen Goldlöckchen betritt eines Tages, während die Bären im Wald spazieren, die Hütte der drei Bären. Sie sieht drei Schüsseln Brei auf dem Küchentisch und kostet den Brei. Zuerst kostet sie den Brei aus der großen Schüssel des großen Bären und sagt: »Der ist viel zu heiß«. Der Brei aus der zweiten Schüssel ist zu kalt, nur der Brei aus der dritten Schüssel hat genau die richtige Temperatur und schmeckt hervorragend – er ist »genau richtig«. Ähnlich verhält es sich mit der Erde, die als »Goldilock-Planet« bezeichnet werden kann. Sie liegt innerhalb des Planetensystems »genau richtig«. Unser innerer Nachbarplanet, die Venus, ist zu nahe an der Sonne und daher »zu heiß«. Unser äußerer Nachbar, der Mars, ist zu weit entfernt und »zu kalt«. Auch der Aufbau der Erde und der ihrer Nachbarn ist »genau richtig«. Allgemein besagt das Goldilock-Prinzip, dass etwas innerhalb ganz bestimmter, oft enger Grenzen zwischen den Extremen liegen muss, um sich günstig entwickeln zu können. Bezogen auf die Entwicklung der Erde werden diese Grenzen deutlich, wenn sie als »was wäre wenn«-Sätze formuliert werden.

1. Die Erde ist der dritte der inneren, sogenannten »terrestrischen« (= »erdähnlichen«) Planeten und im Mittel etwa 149,6 Millionen Kilometer (entspricht einer astronomischen Einheit; 1 AE = astronomical unit; 1 au) von der Sonne entfernt. Ihre nahezu kreisförmige Umlaufbahn um die Sonne gewährleistet einen mehr oder weniger konstanten Wärmefluss. Wäre die Bahn elliptischer, würde die Oberfläche halbjährig gänzlich frieren und im folgenden Halbjahr »geröstet« werden.

2. Wäre die Distanz Erde zu Sonne nur um etwa fünf Prozent geringer, d. h. würde sich die Erde näher an der Sonne befinden, würde das Wasser der Ozeane verdunsten. Die Treibhausgase würden die Oberflächentemperaturen auf eine Größenordnung ansteigen lassen, wie sie heute auf der Venus existieren (etwa 430 °C bis 500 °C).

3. Wäre die Erde etwa fünf Prozent weiter von der Sonne entfernt, würden die Ozeane gefrieren. Photosynthese wäre nur eingeschränkt möglich, und der Sauerstoffgehalt der Atmosphäre wäre dadurch weitaus geringer.

4. Die Größe der Erde (äquatorialer Durchmesser 12.756 km), ihre Masse ($5,97 \times 10^{24}$ kg), ihre Dichte ($5,515$ g/cm^3) und ihr interner Aufbau begünstigen habitable Bedingungen. Wäre die Erde wesentlich kleiner und ärmer an Masse, würde die verringerte Gravitationskraft Wasser und Sauerstoff nicht mehr in der Atmosphäre halten können. Die Ozonreiche Atmosphäre wiederum filtert die für höhere Lebewesen schädliche ultraviolette Strahlung von der Sonne. Umgekehrt würde die Gravitationskraft bei einer größeren, Masse-reicheren Erde zu stark sein, um höheres Leben zu fördern.

5. Der rotierende, metallische Erdkern erzeugt ein Magnetfeld der richtigen Stärke, um die Erde vor tödlicher kosmischer Strahlung zu schützen.

6. Unsere planetaren Nachbarn im Sonnensystem wirken unterstützend für die Entwicklung lebensfreundlicher Bedingungen auf der Erde. Der vergleichsweise große Mond

mit seinem Durchmesser von etwa 3.476 km, seiner Masse von 7,35 x 10^{22} kg und seiner mittleren Dichte von 3,34 g/cm^3 wirkt stabilisierend auf die Rotationsachse der Erde, die in einem Winkel von 23,4° zur Umlaufbahn um die Sonne geneigt ist. Er verhindert ein zu großes »Taumeln« unseres Planeten und hält damit Temperaturunterschiede auf der Erde über lange Zeiträume hinweg in Grenzen.

7. Ohne das gewaltige Gravitationsfeld des Jupiter (Äquatorialdurchmesser = 142.984 km, Masse = 1,9 x 10^{27} kg, Dichte = 1,326 g/cm^3) würde die Erde viel häufiger von (großen) Meteoriten und Kometen bombardiert werden, die in der Lage wären einen großen Teil der Organismen auf der Erde auszulöschen.

8. Die Erde ist ein äußerst dynamischer Planet, dessen Aussehen sich während der letzten fast 4,6 Milliarden Jahre ständig verändert hat. Ohne tektonische Prozesse (Plattentektonik) hätten sich weder Kontinente noch Ozeane bilden können. Ohne die ständige Interaktion der sich beeinflussenden Sphären (Erdkern, Erdmantel, Erdkruste, Hydrosphäre, Atmosphäre, Biosphäre) hätte sich nicht die enorme Vielfalt von Erscheinungsformen auf der Erde bilden können.

Die Erde wurde vor etwa 4,57 Milliarden Jahren aus Staub geboren, ihre »Lebenserwartung« als Planet beträgt etwa weitere vier bis fünf Milliarden Jahre. Dies bedeutet aber nicht, dass die Bedingungen auf der Erde wie wir sie heute kennen, über diesen Zeitraum fortbestehen werden.

Die ferne Zukunft der Erde ist eng mit der Entwicklung unseres Zentralgestirns verknüpft. Die Masse der Sonne besteht zu etwa 75 % aus Wasserstoff, 24 % aus Helium und geringfügigen Anteilen an Sauerstoff, Kohlenstoff, Eisen, Neon, Silizium, Magnesium und Schwefel. Sie ist derzeit im Stadium eines »Hauptreihensterns« (= Main-Sequence Star) und gewinnt ihre Energie größtenteils aus der Fusion von Wasserstoff-Protonen (^{1}H) zu Helium (^{4}He) durch Proton-Proton Reaktion. Der Massendefekt von 0,635 %, dies ist die Differenz zwischen der Summe der Einzelteile und der, stets kleineren tatsächlichen Masse eines Atomkerns, entspricht einer Gesamtenergie von 26,73 Megaelektronenvolt (MeV) pro Reaktion. Die Kettenreaktion, die im Kern der Sonne stattfindet, konvertiert jede Sekunde etwa $3,7 \times 10^{38}$ freie Protonen oder $6,2 \times 10^{11}$ kg zu Heliumkernen. Dies entspricht einer Energie von $3,846 \times 10^{26}$ Watt.

Modelle zur Entwicklung der Sonne legen nahe, dass sie bei Eintritt in die »Main Sequence Phase« vor etwa fünf Milliarden Jahren 25 bis 30 % weniger Leuchtkraft hatte, also weniger Energie emittierte. Dies liegt daran, dass der Kern der Sonne dichter und heißer wird, je mehr Wasserstoff zu Helium transformiert wird. Die Sonne verbrennt den verbleibenden Treibstoff zunehmend schneller und ihre Leuchtkraft nimmt, annähernd linear, etwa alle 1,1 Milliarden Jahre um zehn Prozent zu. Die in ihrer frühen Phase geringere Energieproduktion impliziert, dass die Oberflächentemperatur der Erde während der ersten zwei Milliarden Jahre unter dem Gefrierpunkt von Wasser hätte gewesen sein müssen. Dies steht aber im Widerspruch zu Daten aus 3,8 Milliarden Jahre alten Sedimentgesteinen, die nahelegen, dass zu dieser Zeit Ozeane und fließendes Wasser auf der Erde existierten. Dieses Problem ist als »Paradoxon der schwachen jungen Sonne« (»Faint Young Sun Problem«) bekannt. Eine mögliche Lösung des Problems ist die Annahme, dass die frühe Atmosphäre der Erde eine höhere Konzentration von Treibhausgasen wie CO_2 und CH_4 hatte. Projiziert man die graduelle Zunahme der Sonnenlumineszenz in die Zukunft, könnte der resultierende Temperaturanstieg die Ozeane in ein bis zwei Milliarden Jahren verdunsten lassen. Die Auswirkungen dieses Szenarios würden nicht nur das Leben auf der Erde betreffen. Die Plattentektonik, deren Motor in der Subduktion (= Abtauchen von Lithosphäre in den Erdmantel) hydratisierter Kruste liegt, würde zum Erliegen kommen. Die habitable Zone könnte sich in Richtung der äußeren terrestrischen Planeten verlagern. Der Mars könnte »bewohnbar«

werden und auf der Erde könnten ähnliche Bedingungen wie auf der heutigen Venus herrschen.

In fünf bis sechs Milliarden Jahren wird die Sonne so heiß sein, dass Wasserstoff-Fusion auch in ihrer Schale stattfindet. In etwa sieben Milliarden Jahren wird sie dann auf das 250-fache ihrer Größe anwachsen und in das Stadium eines »Roten Riesen« eintreten. Der Sonnenradius wird dann mit 1,2 au größer sein als die heutige Entfernung Erde – Sonne (1 au); die Erde wird wahrscheinlich von der Sonne verschluckt. Auf dem Saturnmond Titan könnten dann Oberflächentemperaturen herrschen, die habitable Bedingungen gewährleisten.

Wasserstoff-Fusion in der Sonnenschale und Zuwachs von Helium im Kern lässt die Dichte und Temperatur des Kerns graduell ansteigen, bis die Fusion von Helium zu Kohlenstoff möglich wird. Bei Sternen deren Massen geringer als das 2,25-fache der Sonne sind, reicht die Temperatur im Kern und der damit verbundene Druck allerdings nicht aus, um einen gravitativen Kollaps zu verhindern. Die Sonne wird also kollabieren und schrumpft zu einem »Weißen Zwerg«.

Gefahren drohen der Erde aber auch von Seiten ihrer Nachbarplaneten. Innerhalb der nächsten fünf Milliarden Jahre könnte die Exzentrizität der Mars-Umlaufbahn soweit anwachsen, dass sich die Bahnen von Erde und Mars zu kreuzen beginnen und beide Planeten kollidieren könnten. Ähnliches betrifft auch den Planeten Merkur, der sich im selben Zeitrahmen auf Kollisionskurs mit Venus und Erde begeben dürfte.

Astronomische Faktoren, ausgenommen »unvorhersehbare« Impaktereignisse, werden also die zukünftige Entwicklung der Erde auf der Skala von Jahrmilliarden bestimmen. Terrestrische Vorgänge und die Interaktionen des Systems Sonne-Erde-Mond, die als Verteilung oder Umverteilung von Energie und Materie beschrieben werden können, betreffen Veränderungen auf den Skalen von Jahrmillionen (z. B. tektonische Prozesse) bis Stunden (z. B. Gezeitenvorgänge). Das

Ausmaß der Veränderung, das die Erde, seit ihrer Bildung aus einem »homogenen Reservoir« vor 4,54 Milliarden Jahren erfahren hat, wird deutlich, wenn man sich ihre gegenwärtige Struktur vor Augen hält.

Die bewegte Erde

Die interne Struktur der festen Erde ist vor allem aus der Analyse von seismischen Wellen, die von Erbeben ausgelöst werden, bekannt. Die Ausbreitungsgeschwindigkeit seismischer Wellen hängt vom Wellentyp ab und variiert mit Dichte, Druck, Temperatur, Mineralogie, chemischer Zusammensetzung, Wassergehalt und Schmelzanteil eines Gesteins. Auf ihrem Weg durch das Erdinnere können Wellen an Diskontinuitäten gebrochen, reflektiert, gestreut und absorbiert werden. Das Verhalten der beiden Haupttypen seismischer Wellen, der Kompressionswellen (= P-Wellen) und Scherwellen (= S-Wellen), gibt Aufschluss über den Aggregatzustand eines Gesteins, da sich Scherwellen, im Gegensatz zu Kompressionswellen, in Flüssigkeiten und Gasen nicht ausbreiten können. Diskontinuitäten erster Ordnung teilen die feste Erde in Kruste, Mantel und Kern. Die Mohorovičić Diskontinuität (kurz »Moho« genannt) trennt die drei bis 70 km dicke Erdkruste vom Erdmantel; die Kern/Mantel Grenze liegt etwa 2.900 km tief. Beide Grenzen sind Materialgrenzen. Der Eisen-reiche Kern (Eisen-Nickel-Legierung) mit einer Dichte von 10.000 bis 13.000 kg/m^3 nimmt etwa 16 % des Erdvolumens oder 32 % der Erdmasse ein. Der Erdmantel mit einem Anteil von etwa 84 % des Erdvolumens (etwa 64 % Masse) hat eine Dichte von 5600 bis 3300 kg/m^3. Die Hauptkomponenten SiO_2 (~ 46 %), MgO (~ 37,8 %), FeO (~ 7,5 %), Al_2O_3 (~ 4,2 %) und CaO (~ 3,2 % Gewichtsprozente), bilden eine relativ geringe Anzahl von Mineralen (Olivin, Pyroxene, Granat), die mit zunehmender Tiefe (und zunehmendem Druck) in Hochdruckmodifikationen umgewandelt werden.

Die Erdkruste ist äußerst heterogen. Die kontinentalen Krustenanteile mit ihrer Dichte zwischen 2.600 und 2.800 kg/m^3 sind gegenüber den ozeanischen Krustenanteilen (Dichte zwischen 3.000 und 3.300 kg/m^3) reich an SiO_2 (60 % kontinentale Kruste zu 50 % ozeanische Kruste), aber relativ verarmt an FeO_{total} (6,7 % zu 10,4 %), MgO (4,6 % zu 7,6 %) und CaO (6,4 % zu 11,3 %). Die Zusammensetzung der kontinentalen Kruste kann, grob vereinfacht, als »granitisch«, die der ozeanischen Kruste als »basaltisch« bezeichnet werden. Die Dichteunterschiede sind entscheidend für die Verteilung der Gesteine und die morphologischen Verhältnisse auf der Erde. Die kontinentale Kruste ist zu leicht, um in größerem Ausmaß subduziert zu werden und beinhaltet somit ein Archiv von Gesteinsrelikten, die zurück bis in das frühe Archaikum, also bis vor etwa 4 Milliarden Jahre, reichen. Die Ozeanische Kruste ist vergleichsweise schwer, »subduktionsfähig« und wird während plattentektonischen Prozessen ständig erneuert. Die ältesten Reste ozeanischer Kruste auf der Erde sind etwa 200 Millionen Jahre alt. Topografische Erhebungen auf der Erde (Gebirgszüge wie die Alpen oder der Himalaya) stellen, gemäß dem Prinzip der Isostasie (= Schwimmgleichgewicht, Archimedisches Prinzip), Gebiete mit verdickter, gering dichter kontinentaler Kruste dar. Konsequenterweise bildet die dichte ozeanische Kruste den Untergrund der im Mittel um 4.500 Meter tiefen Ozeanbecken.

Zusätzlich zum mineralogischen und chemischen Aufbau der Erde, liefert die Interpretation seismischer Wellen auch Argumente für das Materialverhalten und den Aggregatzustand der Erde. Die äußerste Lage der festen Erde, bestehend aus Erdkruste und oberem Erdmantel, reagiert auf Beanspruchung (Spannung = Stress) weitgehend wie ein spröder Festkörper. Dieser Teil wird als »Lithosphäre« (griechisch *líthos* = Stein und *sphära* = Kugel) bezeichnet und erreicht eine Dicke von 50 bis 300 km. Die Lithosphäre ist in eine Vielzahl von Platten »zerbrochen« (Plattentektonik!), die sich über die Asthenosphäre (griechisch *asthenés* = kraftlos, schwach) hinwegbewegen. Die Asthenosphäre ist rheologisch – also von ihrem Materialverhalten her gesehen – wesentlich weicher und reagiert auf Spannungen wie ein viskoses Fluid. Die Grenze zwischen Lithosphäre und Asthenosphäre stellt, seismisch gesehen, eine Zone geringer seismischer Geschwindigkeiten dar (»low-velocity zone«). Diese geringen seismischen Geschwindigkeiten werden mit der Anwesenheit von Schmelzen und/oder erhöhten Temperaturen erklärt. Eine andere Zone niedriger seismischer Geschwindigkeiten stellt die sogenannte D''-Lage unmittelbar über der Kern/Mantel-Grenze dar. Eine dritte Lage mit sprunghaftem Anstieg der Geschwindigkeit von Kompressionswellen definiert die Grenze zwischen flüssigem äußeren Kern und festem inneren Kern bei etwa 5.200 km Tiefe.

Die beiden Lagen mit anormal niedrigen seismischen Geschwindigkeiten, die die Grenze Lithosphäre zu Asthenosphäre sowie die D''-Lage an der Kern/Mantel-Grenze definieren, sind gleichzeitig Zonen mit äußerst flachen thermischen Gradienten (große Zunahme der Temperatur mit der Tiefe). Sie definieren die »thermal boundary layers« unseres Planeten und spielen für den Wärmehaushalt der Erde eine besondere Rolle. Etwa 90 % der Abkühlung der Erde, und damit in Verbindung eine Vielzahl von Prozessen, wird durch die Plattentektonik bewerkstelligt, deren Funktionsweise eng mit der »thermal boundary layer« an der Lithosphären-Basis verknüpft ist. An der D''-Lage werden heiße Gesteinsschmelzen generiert, die in Form von schlauchartigen, vertikalen Strömen, sogenannten »mantle plumes«, Material und Temperatur aus dem tieferen Mantelbereich empor fördern. Durch diesen Prozess werden etwa zehn Prozent der Wärme an die Erdoberfläche transportiert und abgeführt.

Die Plattentektonik ist ein weitgehend akzeptiertes Modell, das in der Lage ist, die allermeisten geologischen, geophysikalischen, geochemischen und geobiologischen Prozesse auf der Erde zu erklären. Es setze sich ab den 1970er Jahren als allgemeine Lehrmeinung durch und basiert auf dem

Modell der »Ozeanspreizung« (seafloor spreading). Plattentektonik beschreibt die horizontalen Bewegungen der überwiegend starren Lithosphärenplatten, die an der »low-veloci-
ty-Zone« über die Asthenosphäre hinweggleiten. Das Konzept des »seafloor spreading« besagt, dass neue Lithosphäre
an ozeanischen Rücken gebildet wird. Im Lauf der Zeit bewegt sich die Lithosphäre von den Rückenachsen weg, bis sie
schließlich an Subduktionszonen wieder in die Asthenosphäre und in den unteren Mantel sinkt. Die Bildung neuer Lithosphäre und Rückführung alter Lithosphäre betrifft in über-
wiegendem Maße nur die relativ schwere ozeanische Lithosphäre, während die kontinentale Lithosphäre und Kruste
eine zu geringe Dichte haben, um in größerem Ausmaß subduziert werden zu können. Die kontinentale Kruste erfährt
Veränderungen, wie Krustenverdickung oder Krustenver-
dünnung hauptsächlich an den Plattenrändern. Sea floor
spreading, und damit Plattentektonik, sind in ihrem Ursprung »ozeanische« Konzepte. Welche Volumina bzw. Flä-
chen von diesem »Recycling-Prozess« ozeanischer Lithosphäre betroffen sind, macht eine einfache Überschlagsrechnung
deutlich: Die Gesamtlänge aller mittelozeanischen Rücken
beträgt etwa 64.000 Kilometer, Spreizungsraten an diesen Rücken betragen zwischen 20 und 150 Millimeter pro Jahr. Bei
einer mittleren Spreizungsgeschwindigkeit von 50 Millimeter
werden pro Jahr etwa 3,2 km^2 an Kruste neu produziert. Dividiert man diesen Wert durch die Fläche der Ozeane (5,1 x
10^8 km^2), oder besser durch die Fläche der ozeanischen Kruste auf der Erde (3,4 x 10^8 km^2), erhält man eine mittlere Recyclingrate von 86 bis 103 Millionen Jahren. Das bedeutet, dass
die gesamte ozeanische Kruste der Erde alle 86 bis 103 Millionen Jahre vollständig erneuert wird. Das wiederum deckt
sich etwa mit Altersbestimmungen der ozeanischen Kruste.
Die ozeanischen Becken der Erde haben ein sehr unterschiedliches Alter. Kleine Ozeane wie das Rote Meer sind von junger Kruste (maximal etwa 30 Millionen Jahre alt) unterlagert,
große Ozeane wie der Atlantik haben an ihren Rändern eine

bis zu 200 Millionen Jahre alte Kruste. Die Beziehung zwischen Größe, Alter und Morphologie eines Ozeanbeckens hat physikalische Gründe. Die an (mittel)ozeanischen Rücken neu gebildete Lithosphäre hat eine relativ geringe Dichte, da sie von heißen Schmelzen unterlagert ist und eine thermische Expansion erfährt. Aus diesem Grund bilden mittelozeanische Rücken topografische Hochgebiete. Sie sind die längsten, wenn auch submarinen, Gebirge der Erde. Während die ozeanische Lithosphäre von ihrem Bildungsort und somit von der Wärmequelle wegtransportiert wird, kühlt sie ab und ihre Dichte nimmt zu. Gemäß dem Prinzip der Isostasie sinkt sie tiefer in die Asthenosphäre und bildet die abyssalen Tiefebenen (griechisch *abyssos* = das Bodenlose) mit Meerestiefen zwischen 4.500 und 5.000 Metern. Spätestens nach 200 Millionen Jahren ist die ozeanische Lithosphäre soweit erkaltet und hat so sehr an Dichte zugenommen, dass sie an Subduktionszonen in die Asthenosphäre sinkt.

Die Plattentektonik stellt ein sehr leistungsfähiges Modell dar, das in der Lage ist, die Bewegung (Kinematik) der Lithosphärenplatten und die damit verbundenen Erscheinungsformen auf der Erde (wie Gebirge, Ebenen, Becken, etc.) genetisch zu verknüpfen. Grundzüge dieses Konzepts wurden bereits zu Beginn des 20. Jahrhunderts beschrieben, die allgemeine Akzeptanz blieb allerdings aus, da die treibenden Kräfte der Bewegung und das Materialverhalten von Lithosphäre und Asthenosphäre unbekannt waren. Mit der Erkenntnis, dass sich der Mantelanteil der Asthenosphäre unter den herrschenden Drücken und Temperaturen wie ein viskoses Fluid verhält, rückte die Vorstellung von Konvektion in den Vordergrund. Dieses Model besagt, dass thermisch induzierte Konvektion zum Aufsteigen und Absinken von Asthenosphärenmaterial führt und dass die Lithosphärenplatten über der Asthenosphäre passiv diesem Materialfluss folgen. Zahlreiche Beobachtungen widersprechen allerdings der Vorstellung von Mantelkonvektion als alleinige treibende Kraft für die Plattentektonik:

1. Unumstritten ist, dass die frühe Erde heißer war und die Viskosität des Mantels geringer, d. h. fließfähiger gewesen sein musste. Dies hätte zu schnellerer Durchmischung der Asthenosphäre und zu schneller Bewegung von Platten führen müssen. Dafür gibt es zwar einige Indizien, stichhaltige Argumente fehlen allerdings aufgrund der wenigen Daten, die wir von der frühen Erde zur Verfügung haben.

2. Die Existenz der »low velocity-Zone« an der Basis der Lithosphäre belegt die Existenz von Schmelzen und impliziert eine geringe Kopplung zwischen Lithosphäre und Asthenosphäre. Dies legt nahe, dass sich Bewegungen der Asthenosphäre nur in geringen Maßen auf die Lithosphäre übertragen können.

3. Die Mantelkonvektion ist zwar unbestritten, Modelrechnungen zeigen allerdings, dass sich der Materialfluss im sublithosphärischen Mantel nicht vollständig mit den Bewegungen der Lithosphärenplatten in Einklang bringen lässt.

Heute herrscht Übereinstimmung darüber, dass negative Auftriebskräfte (»negative buoyancy«), ausgelöst durch Dichteunterschiede, die treibenden Kräfte der Plattentektonik sind. An Subduktionszonen sinkt alte, dichte und somit schwere Lithosphäre in die Asthenosphäre. Negative Auftriebskraft bewirkt eine, nach unten gerichtete Zugkraft (= »slab pull«), die sich noch verstärkt, wenn die absinkende ozeanische Kruste mit basaltischer Zusammensetzung in größerer Tiefe zu hochdichten Eklogiten umgewandelt wird. Die Zugkräfte übersteigen häufig die Festigkeit ozeanischer Platten, die abreißen (= »slab break off«) und als hochdichte »Schollen« in die Tiefe sinken. Selbst abgerissene und sinkende Platten unterstützen noch die Plattenbewegungen, indem sie umgebendes Mantelmaterial mit in die Tiefe »saugen«, ein Prozess, der »slab suction« (Ansaugen der Platten) genannt wird. Mit Hilfe seismischer Tomografie lassen sich absinkende Platten bis in Tiefen von 1.300 bis 1.700 Kilometern nachweisen. Wahrscheinlich sinken sie sogar bis zur

Kern-Mantel-Grenze. Slab pull-Kräfte machen etwa 90 bis 95 % der Antriebskräfte für die Plattentektonik aus. Die restlichen fünf bis zehn Prozent entfallen auf Kräfte, die durch Dichteverteilung und topografische Gradienten in Ozeanbecken zurückzuführen sind und einen »ridge push« bzw. Rückenschub auslösen. Ridge push-Kräfte entstehen durch den Dichtekontrast zwischen heißer, geringdichter Lithosphäre an mittelozeanischen Rücken und kühler, dichter und somit schwerer Lithosphäre abseits der Rückenachsen. In Verbindung mit Reliefunterschieden zwischen Gebieten an mittelozeanischen Rücken (in einer Meerestiefe von etwa 2.500 Meter) und abyssalen Tiefebenen (in etwa 5.000 Meter Meerestiefe) bewirkt dies laterale Schubkräfte (»horizontal buoyancy forces«). Wenn man akzeptiert, dass eine heterogene Dichteverteilung auf der Erde die treibende Kraft hinter der Plattentektonik ist, dann liegen auch weitere kausale Schlussfolgerungen nahe. Kühle sinkende Platten führen zur Umverteilung von Masse und Energie im Erdmantel. Sie treiben damit die Mantelkonvektion an. Die Plattentektonik steuert die Mantelkonvektion und nicht umgekehrt. Plattentektonik konnte auf unserem Planeten erst zu jenem Zeitpunkt einsetzen, ab dem die Erde ausreichend abgekühlt war, um genügend dichte und »sinkfähige« Lithosphäre zu bilden. Vice versa muss es genügend leichte Plattenteile gegeben haben (also kontinentale Kruste), die sich dem Subduktionsprozess widersetzt haben. Der Kruste als am meisten heterogenen Teil der festen Erde mit den größten Dichteunterschieden fällt diesbezüglich eine bedeutende Rolle während der Erdentwicklung zu.

Unter den Ozeanen

Die Erdkruste, als oberster Teil der Lithosphäre, wird durch die »Mohorovičić-Diskontinuität« (kurz Moho; benannt nach seinem Entdecker, dem kroatischen Seismologen Andrija

S. Mohorovičić 1857–1936) vom oberen Erdmantel getrennt. Auf Basis ähnlicher geophysikalischer und geologischer Eigenschaften werden drei Haupt-Krustentypen unterschieden. Die ozeanische Kruste ist drei bis 15 Kilometer dick und nimmt 54 % der Erdoberfläche, aber nur 17 % des Volumens der Kruste ein. Die kontinentale Kruste hat eine Dicke von 30 bis 70 km, einen Flächenanteil von 40 % und einen Volumenanteil von 77 %. Die restlichen Anteile sind Übergangsbereiche zwischen kontinentaler und ozeanischer Kruste.

Die ozeanische Kruste ist lithologisch (griechisch *lithos* = Stein und *logos* = Lehre) sehr homogen aufgebaut und durch krustenbildende Prozesse entlang mittelozeanischer Rücken entstanden. Die unter den mittelozeanischen Rücken aufsteigende Asthenosphäre schmilzt bei Druckentlastung teilweise auf (zehn bis 20 % partielle Schmelze). Die Schmelzprodukte in flach sitzenden Magmakammern in drei bis sechs Kilometern Tiefe fraktionieren während ihrer Kristallisation (»fractional crystallisation«), wobei erste Kristalle auf den Boden der Magmakammer sinken. Die erstgebildeten Minerale sind von hoher Dichte und dunkler Farbe (= »mafisch«) und bilden dort lagenförmige »mafische bis ultramafische Kumulate«. Die restliche Schmelze kristallisiert zu einem Gabbro, einem Gestein, dessen Hauptkomponenten Olivine, Pyroxene und Ca-reiche Feldspate sind. Vertikale Gänge (»sheeted dykes«) transportieren Lava mit basaltischer Zusammensetzung aus den Magmakammern an den Meeresboden, wo diese in Kontakt mit dem Meerwasser kommt. Rasches, radiales Abkühlen der Schmelze führt zu den typischen kissenförmigen Formen der Lava (Kissenlava oder *pillow lava*). Die Gesteinsabfolge Gabbro (± Kummulat), Basalt (in Form von sheeted dykes und Kissenlaven) und die überlagernden Sedimente definieren zusammen die ozeanische Kruste. Gemeinsam mit unterlagerndem Mantelmaterial, bestehend aus den Hauptmineralen Olivin ($(Mg, Fe)_2SiO_4$) und Pyroxenen ($AB(Si, Al)_2O_6$, wobei die A-Position durch Mg, Fe, Ca, Na, etc. und die B-Position durch Al, Cr, Fe, Mn, Mg, etc.

besetzt werden kann), wird die Gesteinsassoziation als »Ophiolith« bezeichnet. Gabbro und Basalt haben identische chemische Zusammensetzung (»basaltisch«) und unterscheiden sich nur in ihrer Textur. Gabbro ist als Tiefengestein (Plutonit) grobkörnig, Basalt als Effusiv-Gestein (Vulkanit) feinkörnig.

Über tiefgreifende Störungen zirkuliert Meerwasser bis in Tiefen des oberen Mantels und führt diesem Wasser zu. Ursprünglich wasserfreie Minerale, wie zum Beispiel Forsterit (Mineral der Olivingruppe, Mg_2SiO_4), werden unter Zufuhr von Wasser zu einem Serpentinmineral, zum Beispiel Antigorit ($Mg_3Si_2O_5(OH)_4$) umgewandelt. Das Gestein führt dann den Namen Serpentinit. Serpentinit und die anderen Gesteine der Ophiolith-Suite fallen durch grünlich schillernde Farben auf und wurden daher »Schlangensteine« genannt (Ophiolith: griechisch *ophis* = Schlange und *lithos* = Stein; Serpentinit: lateinisch *lapis serpentinus* = Schlangenstein). Nahezu der gesamte Ozeanboden unter seiner dünnen Sedimentschicht besteht aus Gesteinen der Ophiolith-Abfolge. An Land kommt diese Gesteinsgruppe nur sehr selten vor, da die ozeanische Lithosphäre ja subduziert wird. Manchmal bilden Ophiolithe »Suturen« (Nahtstellen) innerhalb kontinentaler Bereiche (Gebirge) und belegen dort die Existenz ehemaliger, nun geschlossener Ozeanbecken.

Der Boden unter den Ozeanen ist nicht nur von seinem Gesteinsaufbau sehr homogen, auch die Ozeanbodentopografie ist wenig abwechslungsreich. Der größte Anteil des Ozeanbodens besteht aus ozeanischen Lithosphärenplatten, die die Tiefebenen bilden. Diese Platten werden an mittelozeanischen Rücken gebildet, wie auf einem Förderband in Richtung der Subduktionszonen transportiert und dort in die Asthenosphäre rückgeführt. Vielfältige geologische Prozesse passieren an den Plattenrändern und führen zu vielfältigen Gesteinen und Erscheinungsformen der Ozeanböden am Rand der Ozeane. Als »aktiv« werden Plattenränder bezeichnet, an denen sich kontinentale oder ozeanische Platten aufeinander zubewegen und eine davon in den Mantel taucht. Der Rand des Pazifischen Ozeans, der Pazifischen Platte, ist ein aktiver Kontinentalrand der von Subduktionszonen gesäumt ist. Als »passiv« werden Ränder zwischen Kontinenten und Ozeanen bezeichnet an denen keine Relativbewegungen stattfinden. Die ozeanische Kruste des südlichen Atlantiks beispielsweise ist im Westen und Osten von kontinentaler Kruste von Südamerika und Afrika begrenzt, an denen es keine nennenswerte Bewegung gibt. Dies sind Ränder zwischen kontinentaler und ozeanischer Lithosphäre, aber keine Plattengrenzen. Die Namen »aktiv« und »passiv« beziehen sich direkt auf die Plattentektonik, also die Bewegung der Platten. Daneben gibt es aber auch Phänomene innerhalb der Ozeane und Kontinente, die nicht an Plattenränder gebunden sind, also nur indirekt etwas mit Plattentektonik zu tun haben. Ozeanische Inselketten, wie die Kette der Vulkaninseln westlich von Hawaii, liegen mitten auf der Pazifischen Platte, weit weg von irgendeiner Plattengrenze. Sie liegen über einer Wärmequelle, »Hot Spot« genannt, deren Wurzel im tiefen Mantel oder an der Kern/MantelGrenze liegt. Die Morphologie der Ozeane ist also ein Resultat von Prozessen, die an der Kern/Mantel-Grenze und an der Grenze Asthensophäre/Lithosphäre zu suchen sind.

Bezogen auf ihre Fläche und ihr Volumen relativ unbedeutende, aber für die Dynamik der Erde wichtige Anteile der ozeanischen Kruste sind vulkanische Inseln, Tiefseerinnen und Randbecken. Ozeanische Inseln und Inselketten treten innerhalb von Platten (z. B. Hawaiische Inselkette), in der Nähe ozeanischer Rücken (z. B. Island) oder an aktiven Kontinentalrändern auf. Die Entstehung der beiden ersteren wird auf die Anwesenheit von »Mantle Plumes« (Manteldiapire), an sogenannten »Hot Spots« zurückgeführt (plume = französisch für Feder oder Federbusch, Diapir leitet sich aus dem Griechischen diapeirein = durchdringen ab). Ausgelöst von thermischen Anomalien an der Kern/Mantel-Grenze steigen Mantelschmelzen an die Basis der Lithosphäre auf und gelangen über Spaltensysteme an die Oberfläche. Dort treten sie in Form von voluminösen Vulkanbauten oder großflächigen Spaltenergüssen (= »large igneous provinces«; LIP) an die Oberfläche. Der Mauna Kea auf Hawaii, als Beispiel eines solch voluminösen Vulkanbaus, ist mit seiner Höhe von 4.205 m über dem Meeresspiegel und seinem Fuß bei etwa 6.000 m Meerestiefe der größte Berg der Erde. Hot Spots, und der dazugehörende Vulkanismus, werden, bezogen auf ihre geografische Position, als stationär oder zumindest über längere Zeiträume hinweg als ortsgebunden betrachtet. Ein stationärer Hot Spot mit seinem dazugehörigen Mantle Plume, und eine sich darüber hinwegbewegende Lithosphärenplatte kann die Existenz linearer Vulkanketten erklären. Die sich in Nordwest–Südost erstreckende Vulkankette der Hawaii Inseln besteht aus individuellen Vulkanen unterschiedlichen Alters. Ältere Vulkaninseln liegen im Nordwest-Teil der Inselkette, das aktuelle vulkanische Zentrum, der Lo'ihi Seamount (Seamount = Tiefseeberg), liegt 35 km südöstlich von Hawaii. Die Geschwindigkeit, mit der sich die ozeanische Platte nord-westwärts über den stationären Hot Spot bewegt hat, lässt sich einfach berechnen, indem man die Entfernung einer Vulkaninsel vom Hot Spot durch den Altersunterschied (das Alter) der Vulkaninsel dividiert. Nimmt man die etwa 2.430 km von Hawaii entfernten Midway Inseln, deren Vulkanismus ein Alter von 27,7 Millionen Jahren hat, errechnet sich eine Plattengeschwindigkeit von 88 Millimeter pro Jahr. Bewegt sich die ozeanische Platte vom Ort des Hot Spots und somit von der Wärmequelle weg, beginnt sie abzukühlen. Die Lithosphäre nimmt dabei an Dichte zu und sinkt tiefer in die Asthenosphäre. Vulkanbauten auf der ozeanischen Kruste sinken ebenfalls mit in die Tiefe und bilden in einiger Entfernung vom Hot Spot Atolle (ringförmige Riffbauten, in deren Zentrum sich noch Reste eines versunkenen Vulkans befinden können) und schließlich submarine Tafelberge, sogenannte »Guyots«. Hot Spots findet man auch auf kontinentaler Kruste, ein bekanntes Beispiel ist der Yellowstone Hot Spot in Nordamerika. Afrika weist, verglichen mit anderen Kontinenten, eine besonders hohe Dichte an Hot Spots auf (z. B. Hoggar Gebirge in Algerien, Tibesti im Tschad). Intensives Mantel-»Upwelling« (Mantelaufstieg im Zuge der Hot Spot-Bildung) unter der Afrikanischen Lithosphäre wird mit der, im Vergleich zu anderen Kontinenten, überdurchschnittlich großen mittleren Seehöhe Afrikas in Verbindung gebracht.

Tiefseerinnen oder Tiefseegräben (»trenches«) sind topografische Erscheinungen am Ozeanboden, die an abtauchende ozeanische Platten (Subduktionszonen) gebunden sind. Die Gesamtlänge aller Tiefseerinnen der Erde beträgt etwa 50.000 Kilometer. Fast der gesamte Pazifische Ozean wird von schmalen Tiefseerinnen begrenzt. Diese Rinnen erstrecken sich entlang der Westküsten von Süd- und Nordamerika, bilden den Südrand der Aleuten-Inselkette und den Ostrand von Kamchatka und Japan. Südlich von Japan bildet der Marianengraben die Grenze zwischen Pazifischer und Philippinischer Platte und der Tonga-Graben nördlich von Neuseeland die Grenze zwischen Pazifischer und Australischer Platte. Der Marianengraben, als Teil des pazifischen Grabensystems, hat eine Läge von etwa 2.500 km, ist aber im Mittel nur 70 km breit. Die »Challenger Tiefe«, die sich im Südteil des Marianengrabens befindet, ist mit 10.920 m Meerestiefe der tiefste Punkt der Erde. Der Name »Challenger Deep« bezieht sich auf eine von der British Royal Navy in den Jahren 1872 bis 1876 durchgeführte Expedition, bei der diese Tiefe das erste Mal dokumentiert wurde – das dem tiefsten Punkt der Erde namengebende Expeditionsschiff hieß »MS Challenger«.

Die lange, schmale und in Querschnitt etwa keilförmige Form der Tiefseerinnen kann in erster Näherung als Funktion der elastischen Eigenschaften (»Steifheit«) der abtauchenden ozeanischen Lithosphäre und der Auflast der darüber liegenden Platte beschrieben werden. Die Biegefestigkeit (»flexural rigidity«) der abtauchenden Lithosphäre hängt, neben Materialkennwerten wie Elastizitätsmodul (= Young's Modulus) und Querdehnungszahl (= Poisson Ratio), von der Dicke (»effective elastic thickness«) der Platte ab. Diese ist wiederum abhängig vom Alter der ozeanischen Platte, die ja dicker wird, wenn sie sich weiter von der Wärmequelle eines mittelozeanischen Rückens wegbewegt. Die Biegefestigkeit einer alten, dicken Platte ist größer als die einer jungen, dünnen Platte. Dieser Unterschied hat Auswirkungen auf die Krümmung und den Eintauchwinkel der subduzierenden Platte und somit auch auf die Form der Tiefseerinnen. Diese sind schmal und tief bei der Subduktion dünner, gering-fester Lithosphäre und breit und weniger tief bei der Subduktion dicker, fester Lithosphäre. Die Form der Tiefseerinnen, insbesondere ihr steiler topografischer Gradient über der Subduktionszone, macht sie zu ausgeprägten Sedimentfallen. Der Transport von Sedimenten aus flachen Schelfbereichen in die Tiefsee wird durch intensive Erdbebentätigkeit zusätzlich unterstützt. Die an Subduktionszonen häufig auftretenden Erdbeben können Suspensionsströme (= Trübeströme, Turbidite) auslösen, die fragmentiertes Gesteinsmaterial, meist Tone und Sande, lawinenartig in die Tiefsee verfrachten. Dort kann das Gemisch aus Sedimenten und Wasser parallel zur Trogachse der Tiefseerinnen noch weiter bis zu 3.000 km transportiert werden. Dies ist durch die Sedimentfüllung des Sunda-Grabens, südlich von Sumatra dokumentiert, der Abtragungsmaterial des Himalayas enthält. Die Ablagerungen von hunderten Trübeströmen bauen, gemeinsam mit tonigem »Hintergrundsediment« der Tiefsee, mächtige Tonstein-Sandstein- oder Tonstein-Sandstein-Konglomerat-Wechselfolgen auf, die als »Flysch« bezeichnet werden. Am Meeresboden angelangt, sind die Sedimente aber noch lange nicht zur Ruhe gekommen. Die fortschreitende Subduktion zieht den Ablagerungen buchstäblich den »Boden unter den Füßen weg«. Sie werden ständig vom Untergrund abgeschert und formen sich zu einem keilförmigen Deckenstapel (Akkretionskeil). Die Bestandteile dieses Stapels, bestehend aus tonig-sandigen Sedimenten, mit zwischengeschalteten größeren Rutschkörpern und Fragmenten der ozeanischen Kruste, können derart chaotisch zusammengesetzt sein, dass man von einer »Melange« spricht. Der überwiegende Teil der Sedimente, die über das »Förderband« der ozeanischen Lithosphäre die Tiefseerinnen erreichen, gelangt in den Subduktionskanal und wird gemeinsam mit der mafischen ozeanischen Lithosphäre in Tiefen von mehr als 50 km gezogen. Das Vorkommen von Hochdruck-Mineralphasen, wie Diamant und Coesit (eine Hochdruckmodifikation von Quarz) in Einschlüssen anderer Minerale belegt, dass Krustenmaterial bis in Tiefen von 150 km transportiert werden kann und fallweise durch tektonische Prozesse wieder an die Oberfläche gelangt. Der rasche Transport des Gesteinsmaterials in die Tiefe verhindert eine signifikante Erwärmung der Gesteine. Die Folge ist eine für Subduktionszonen typische Hochdruck-Niedrigtemperatur-Metamorphose (Blauschiefer-Fazies, benannt nach dem bläulich grauen Na-Amphibol Glaukophan), oder eine Hochdruck-Hochtemperatur-Metamorphose (Eklogit-Fazies). Das Gestein Eklogit hat einen basaltischen Chemismus, wie dies für die ozeanische Kruste typisch ist, und enthält als charakteristische Hochdruckminerale Na- und Ca-reichen Pyroxen (Omphacit) sowie Mg-reichen Granat (Pyrop).

Im Gegensatz zu den beschriebenen »akkretionären« Plattenrändern, an denen angelieferte Sedimente einen Akkretionskeil bilden und fallweise Sedimentgesteine unter der überlagernden kontinentalen Kruste angelagert werden, stehen sogenannte »erosive Plattenränder«. Diese machen weltweit etwa die Hälfte der aktiven Subduktionszonen aus und sind dadurch charakterisiert, dass die abtauchende Platte Gestein von der Unterseite der überlagernden Kontinente »abhobelt«. Dieser Prozess wird Subduktionserosion genannt. Am Westrand Südamerikas, unter dem die Nasca-Platte ostwärts abtaucht, sind beide Typen von Plattenrändern vertreten. Die zentralen Anden sind durch Subduktionserosion geprägt, während die südlichen, Patagonischen Anden einen Plattenrand mit einem Akkretionskeil darstellen. Subduktionserosion führt zur Verminderung der Krustendicke entlang der Küstenlinie über der Subduktionszone, die von unten her abgehobelt wird. Dadurch verlagert sich der Tiefseegraben landeinwärts, in Richtung der abtauchenden ozeanischen Platte. Im Zuge dieser Ortsänderung der Tiefseerinne verlagerte sich der Vulkanbogen in den zentralen Anden während der letzten 200 Millionen Jahre um etwa 200 km ostwärts und formte das breite Hochland, den Altiplano, der zentralen Anden. Die Unterschiede in der Plattenranddynamik äußern sich in der Morphologie der Anden mit einem bis zu 800 Kilometer breiten Hochgebirge im Zentralteil der Anden (erosiver Plattenrand) und einem nur 150 Kilometer schmalen Gebirgszug im Süden (Patagonien), in dem Gebiet, in dem der Vulkanbogen stationär blieb (akkretionärer Plattenrand).

Man schätzt, dass jährlich bis zu 3,35 km^3 Gesteinsmaterial an Subduktionszonen in den Mantel rückgeführt werden. Davon entfallen etwa 1,7 km^3 auf Subduktionserosion und 1,65 km^3 auf Sediment-Subduktion. Während der Versenkung gelangen Gesteine in große Tiefen und geben dort durch Dehydrationsreaktionen Wasser ab. Ein Großteil dieses Wassers steigt in die, die Subduktionszone überlagernde Platte auf. Die Anwesenheit von Wasser erniedrigt dort den Schmelzpunkt der Gesteine und ermöglicht die Bildung von Magmen, aus deren Reservoiren (Magmakammern) schließlich Vulkane gespeist werden. Damit sind Subduktionszonen nicht nur Orte an denen Kruste durch Subduktion in den Mantel »verloren geht«, sondern auch Orte an denen neue Kruste entsteht. Subduktion ist mit intensivem Magmatismus verknüpft. Daher wird auch der Rand der pazifischen Platte, die mit einer Kette von Vulkanbauten bestückt ist, »Ring of Fire« genannt.

Subduktionsbezogener Magmatismus tritt in zwei Formen auf. Wenn eine ozeanische Platte unter eine andere ozeanische Platte abtaucht, entstehen relativ kleine, ozeanische vulkanische Inselbögen mit basaltischer Zusammensetzung. Beispiele hierfür sind die Fidschi Inseln an der Pazifisch/ Australischen Plattengrenze oder die Kleinen Antillen in der Karibik. Große und hohe Vulkanketten, wie die Anden Südamerikas, entwickeln sich am Kontakt von ozeanischer und kontinentaler Lithosphäre. Sie werden als »Kontinentale Magmatische Bögen« bezeichnet, und da kontinentales Material aufgeschmolzen wird, sind diese Magmen reicher an SiO_2. Die Magmen bestehen typischerweise aus Andesit, einem Ergussgestein mit bis zu 20 % Quarz, Plagioklas, ± Pyroxen, Amphibol und Biotit. Der Name »Andesit« wurde von Leopold von Buch (1774–1853) erstmals vorgeschlagen, nachdem er eine große Verbreitung dieser Gesteinsart in den Anden festgestellt hatte. Die Schmelzen kontinentaler magmatischer Bögen assimilieren kontinentale Kruste und weisen daher einen vergleichsweise hohen SiO_2-Gehalt auf. Sie zeichnen sich durch hohe Viskosität (= Zähflüssigkeit) und hohen Gasgehalt aus, sind hoch explosiv und fördern große Mengen an pyroklastischem Material (vulkanogenes Eruptionsmaterial unterschiedlicher Korngrößen wie Lapilli, Tuffe, Asche – aus dem Griechischen *pyr* = Feuer und *klastós* = zerbrochen). Ihr explosives Ausbruchsverhalten wird als »Plinianisch« bezeichnet (Plinianische Eruption), benannt nach Plinius dem Jüngeren, der 79 n. Chr. den Ausbruch des Vesuvs beschrieb. Dieser Ausbruchstyp steht in Kontrast zum Eruptionsverhalten Hawaiischer Vulkane (Hawaiischer Eruptionstyp), die sich auf ozeanischer Lithosphäre, ohne Kontamination mit kontinentalem Krustenmaterial bilden. Hawaiische Vulkane sind arm an SiO_2, haben einen geringen Gasanteil und geringe Viskosität. Es sind »harmlose« Schildvulkane mit geringem pyroklastischen Anteil und dünnflüssiger Lava. Vulkanketten, die sich über Subduktionszonen bilden, sind etwa parallel zur Trogachse der Tiefseerinnen angeordnet. Die »vulkanische Front« beginnt relativ abrupt in einer Entfernung von etwa 200 bis 300 km vom Tiefseegraben in Richtung der Neigung der Subduktionszone. Die »vulkanische Front« entspricht etwa dem Ort, an dem der obere Rand der subduzierten Platte eine Tiefe von etwa 120 km erreicht hat. Hier ist die Entwässerung der abtauchenden Platte, verbunden mit der Bildung von Schmelzen am effektivsten. Vulkane hinter der »vulkanischen Front« fördern geringere Mengen an Magma.

An divergierenden, sich entfernenden Plattengrenzen, wie sie mittelozeanischen Rücken darstellen, wird basaltische ozeanische Kruste gebildet. An konvergenten Plattengrenzen, also an Subduktionszonen, wird Kruste wieder in den Mantel rückgeführt. »Back-Arc-Basins«, also Becken die sich hinter dem vulkanischen Bogen über einer Subduktionszone bilden, stellen eine besondere Situation dar, weil ihre Bildung an beide Prozesse geknüpft ist. Es sind relativ kleine Becken, die meist über ein eigenes Ozean-Spreizungszentrum verfügen. Die meisten Back-Arc-Becken kommen heute am Westrand des Pazifischen Ozeans vor. Beispiele sind das Kurilen-Becken, das japanische Meer und der Okinawa Trog, die sich zwischen den Kurilen- und den Japan-Tiefseerinnen und dem asiatischen Kontinent bildeten. Der Bildungsmechanismus dieser Becken wird mit unterschiedlichen Plattenbewegungsgeschwindigkeiten zwischen abtauchender Platte (»Unterplatte«) und darüber liegender Platte (»Oberplatte«) in Verbindung gebracht. Zwei Bildungsszenarien werden diskutiert. In einem Szenario (»Trench Roll Back Model«) ist die Abtauchgeschwindigkeit (Subduktionsgeschwindigkeit) der Unterplatte größer als die Plattengeschwindigkeit der konvergierenden Platten. In diesem Fall wird die Subduktionszone steiler und verlagert sich rückwärts, also entgegen der Richtung der Neigung der Subduktionszone. Dieser Prozess wird »subduction roll back« genannt. Dadurch wird der Bereich hinter der Subduktionszone gedehnt und der magmatische Bogen zerbricht. Das wiederum hat zur Folge, dass ein neues Ozeanbecken und mit ihm ein neues Spreizungszentrum hinter dem magmatischen Bogen entsteht. In einem anderen Modell (»Slab Sea Anchor Model«) wird die Subduktionszone als ortsfest betrachtet, die abtauchende Kruste »verankert« die Subduktionszone im Mantel. Bewegt sich, bei verankerter Subduktionszone, die Oberplatte in Richtung Kontinent, so entstehen Zugkräfte hinter der Tiefseerinne, die dazu führen, dass in weiterer Folge ein Back-Arc-Becken gebildet wird. Diese Becken, wie auch immer sie gebildet wurden, stellen kleinräumige Subsysteme innerhalb des Musters globaler Plattentektonik dar und reagieren sensibel auf Änderungen von Plattenbewegungsgeschwindigkeiten und Bewegungsrichtungen. Sie entwickeln sich episodisch, wachsen über Zeiträume von etwa zehn Millionen Jahren, stellen ihre Aktivität kurzfristig ein, um erneut mit dem Wachstum fortzufahren. Das Philippinische Meer westlich des Marianengrabens ist ein Beispiel, an dem dieses periodische Wachstum gut dokumentiert ist.

Auf festem Boden

Da leichtere kontinentale Kruste im Gegensatz zur schwereren ozeanischen Kruste nur in geringem Ausmaß durch Subduktionsprozesse in den Mantel rückführbar ist, stellt sie ein Archiv für die Entwicklung der Erde dar. Man schätzt, dass 60 bis 70 % des Volumens der kontinentalen Kruste bereits vor drei Milliarden Jahren vorhanden war. Dennoch weisen geochronologischen Datierungen zufolge aber nur weniger als 10 % der Gesteine auf der Erde dieses Alter auf. Diese Diskrepanz wird dahingehend gedeutet, dass die Hauptmasse der kontinentalen Kruste seither durch tektonische, metamorphe, magmatische und sedimentäre Prozesse, sowie durch biologisch und klimatisch gesteuerte Abläufe ständig verändert wurde. Die Gesamtfläche der kontinentalen Kruste mit $210,4 \times 10^6$ km^2 macht etwa 41 % der Erdoberfläche und etwa 70 % am Volumen der Erdkruste aus. Ihre Dicke, die durch die Tiefenlage der Moho definiert wird, variiert zwischen 20 und 70 km und beträgt im Mittel 35 bis 40 km. Die mittlere Seehöhe der Kontinente liegt bei etwa 125 Metern über dem Meer, aber etwa 31 % der kontinentalen Kruste liegen unter dem Meeresspiegel. Vom Meer bedeckte Anteile der kontinentalen Kruste stellen im Wesentlichen die Schelfgebiete an den Kontinentalrändern dar.

Geologische und geophysikalische Daten zeigen, dass die kontinentale Kruste, in vereinfachter Form, aus drei Lagen besteht. Die »helle, felsische« Oberkruste besteht hauptsächlich aus Sedimentgesteinen, die von metamorphen und magmatischen Gesteinen mit granitischer bis granodioritischer Zusammensetzung unterlagert wird. Granodiorit ist ein magmatisches Gestein, das gegenüber dem Kaliumfeldspat-reichen Granit eine größere Menge an Natrium- und Kalzium-Feldspaten (= Plagioklase) aufweist. Die heterogene mittlere Kruste besteht hauptsächlich aus Gneisen (Hauptbestandteile sind variable Anteile von Quarz, Kalifeldspat, Plagioklas, ± Biotit und Muskovit) und Amphiboliten (Hauptbestandteile sind Amphibol und Plagioklas), die metamorphe Bedingungen der Amphibolit-Fazies bis unteren Granulit-Fazies erfahren haben. Dies entspricht Temperaturen von 500 °C bis 700 °C und Drücken von etwa 5 bis 10 Kilobar, also einer Tiefe von etwa 15 bis 30 km. Die Unterkruste ist durch Granulit-fazielle (Temperaturen bis über 900 °C, Drücke bis 15 Kilobar), felsische (»helle«) und mafische (»dunkle«) Granulite sowie basische Intrusionen charakterisiert. Die Dicke der drei Lagen ist variabel, generell nehmen obere und mittlere Kruste je etwa 30 % und die untere Kruste 40 % eines typischen Krustenprofils ein.

Sogenannte »kontinentale Schilde« (6 % Flächenanteil, bzw. 11 % Volumenanteil der Gesamtkruste der Erde) und Plattformen (18 % Flächenanteil, bzw. 35 % Volumenanteil) formen die ältesten Anteile der Kontinente. Die Schilde weisen im Gegensatz zu Plattformen keine nennenswerte Sedimentbedeckung auf. Die Sockel von Plattformen und Schilden sind die stabilsten Teile der Erdkruste mit typischerweise archaischen Altern von mindestens 2,5 Milliarden Jahren. Sie haben seit ihrer Bildung im Präkambrium keine, oder nur geringe tektonische oder thermische Veränderungen erlebt und werden als Kratone (»Craton«) bezeichnet. Die subkontinentale Lithosphäre der Kratone ist mit 200 bis 250 Kilometern äußerst dick, der subkontinentale Mantelanteil der Lithosphäre ist vergleichsweise kalt und steif. Dies wirkt dem Zerfall von Kratonen entgegen. Bedingt durch die extrem lange »tektonische Ruhe« und Erosion als einzigem oberflächengestaltenden Mechanismus, haben Kratone nur geringe Reliefunterschiede und geringe mittlere Seehöhen aufzuweisen. Kratone bilden die »Kerne« der Kontinente. Beispiele sind der Baltische Schild und die Russische Plattform (Europa), der Superior Kraton (nördliche USA und Kanada), der Sibirische Kraton (Russland), der Kongo Kraton (Afrika), der Amazonia Kraton (Südamerika), die Ylgarn und Pilbara Kratone (Australien) und der Ostantarktische Schild.

Der Großteil der Masse an kontinentaler Kruste (60 bis 70 %) war am Ende des Archaikums (vor etwa 2,5 Milliarden Jahren) bereits entstanden, die Prozesse die dazu führten werden später behandelt. Seither, und besonders in der jüngeren geologischen Zeit, sind Veränderungen der Kruste das Resultat der Umverteilung von Krusten-Masse und weniger deren Bildung. Gebirgsbildungsereignisse (= Orogenesen) konzentrieren sich vorzugsweise auf Kontinentalränder. Sie führen zu Krustenverdickung und stabilisieren somit die kontinentale Lithosphäre. Prozesse, die mit Dehnung und Krustenausdünnung in Zusammenhang stehen und letztendlich zum Zerbrechen von Kontinenten führen, destabilisieren die kontinentale Lithosphäre.

Kontinentale Grabenbrüche (»continental rifts«) stehen am Beginn des Zerbrechens von Kontinenten. Sie sind von Störungen begrenzte, langgestreckte Senken mit einer Breite von 30 bis 80 km und einer Länge von hunderten bis tausenden Kilometern. Das wohl bekannteste Grabenbruchsystem ist der Ostafrikanische Graben, der sich über mehrere tausend Kilometer von Eritrea und Äthiopien im Norden nach Malawi und Mozambique im Süden erstreckt. Die Senken des südwestlichen »Rift Valleys« sind teilweise mit Süßwasser gefüllt und bilden eine Kette tiefer und langgestreckter Seen, wie den Lake Albert (Uganda, Demokratische Republik Kongo), Lake Tanganyika (Tansania, DRC) und den Lake Malawi, auch Lake Niassa genannt (Tansania, Malawi, Mosambik). Der Tanganjikasee ist nach dem Baikalsee (1.640 Meter tief), der ebenfalls an ein kontinentales Rift gebunden ist, mit 1.470 Metern der zweittiefste See der Erde. Bezogen auf den Bildungsmechanismus werden zwei Arten von Rifts unterschieden. Sogenannte »aktive Rifts«, wie der Ostafrikanische Grabenbruch, werden mit der Bildung von Mantel-Domen (»mantle plumes«) in Verbindung gebracht, über denen sich die Lithosphäre aufwölbt und schließlich zerbricht. Typisch für diesen Rift-Typ sind große Mengen an vulkanischen Gesteinen (z. B. Mt. Kenya in Kenia, oder Mt. Kilimanjaro und Ol Doinyo Lengai in Tansania) und klastischen Sedimenten (Sandsteine, Konglomerate). In ariden Gebieten entstehen in den Senken der Rifts häufig Salzseen (z. B. Lake Natron, Tansania), deren Bildung mit der Zufuhr salzhaltiger vulkanischer Wässer und den dort herrschenden hohen Verdunstungsraten in Verbindung steht. Die Ursache »passiver Rifts« dagegen sind Spannungen, die durch Bewegungen der Lithosphärenplatten ausgelöst werden. Sie beinhalten weniger vulkanisches Material als aktive Rifts, und die Dehnung der Lithosphäre beschränkt sich, im Gegensatz zu aktiven Rifts, auf wenige zehn Kilometer. Beispiele für passive Rifts sind der Rhein-Graben, dessen Bildung (West-Ost-Dehnung) mit der Nord-Süd-Konvergenz zwischen Afrika und Europa in Zusammenhang gebracht wird und das Baikal-Rift am Südrand der Sibirischen Plattform, das durch Spannungen (»far field stress«) im Zuge der Kollision von Indischer und Eurasischer Platte gebildet wurde.

Verbreitern sich kontinentale Gräben im Zuge ihrer Entwicklung, kommt es zur »Ozeanisierung« und im Spreizungszentrum werden Ophiolithe gebildet. Spreizungszentren über Manteldomen aktiver Rifts haben am Beginn ihrer Entwicklung zumeist eine dreistrahlige Form, bei der die einzelnen Spreizungszonen zueinander einen Winkel von etwa 120° einnehmen. Während sich zwei dieser Spreizungsäste zu echten Ozeanen entwickeln, wird ein Ast inaktiv, es entsteht ein sogenanntes »Failed Rift«, also ein gescheiterter Graben. Ist ein Failed Rift mit mächtigen Sedimenten gefüllt nennt man es »Aulacogen«. Der nördliche Teil des Ostafrikanischen Grabensystems repräsentiert ein Rift, das sich (noch) nicht zu einem Ozean entwickelt hat. Das Rote Meer und der Golf von Aden sind schmale, junge, aber bereits voll entwickelte Ozeane. Dagegen weist aber die Danakil-Senke im »Afar-Dreieck« Eritreas, Djiboutis und Nord-Äthiopiens keine ozeanische Kruste auf, wenngleich einige Bereiche bis 125 Meter unter dem Meeresspiegel liegen und im Untergrund mächtige vulkanische Abfolgen vorhanden sind. Ein Beispiel für ein fossiles »Failed Rift« ist der Benue-Trog im Grenzgebiet zwischen Nigeria und Kamerun. Er entwickelte sich im Zuge der Atlantik-Öffnung in der Kreide. West–Ost und Nord–Süd verlaufende Segmente des Atlantiks (Golf von Guinea beziehungsweise die Küsten Gabuns, Angolas und Namibias) haben ozeanische Kruste, der Nordost–Südwest orientierte Benue-Trog ist ein Becken mit mächtiger Sedimentfüllung (Aulacogen), das von ausgedünnter kontinentaler Kruste unterlagert wird.

An den Rändern von wachsenden Ozeanen entstehen sogenannte »Passive Kontinentalränder« (Passive Continental Margin). Die basalen Anteile der Sedimentabfolge an solchen Rändern sind meist Klastika und salinare Ablagerungen (»Eindampfungsgesteine«), da die Entwicklung Passiver Kontinentalränder ja als Rift begonnen hat. Diese Sedimente werden, wenn günstige klimatische Bedingungen herrschen, von bis über 1.000 Meter mächtigen Karbonatgesteinsabfolgen überlagert. Die Bildung solch mächtiger Kalk- und Dolomitgesteine, die man als Karbonatplattformen bezeichnet, wird durch stetige, aber langsame Absenkung (Subsidenz) des Untergrundes begünstigt. Dabei ist die Absenkungsrate etwa gleich der Anwachsrate der Karbonate, die durch die Produktion kalkiger Skelette mariner Organismen (z. B. Korallen, Schwämme, Muscheln, Schnecken) bestimmt wird. Als Mechanismus für langandauernde Subsidenz an passiven Kontinentalrändern wird eine Kombination aus thermischer Kontraktion der kühlenden Lithosphäre und Belastung der Lithosphäre durch die dicker und damit schwerer werdenden Sedimentschichten angenommen. Ein Beispiel eines heutigen passiven Kontinentalrandes mit mächtiger Karbonatplattform ist die Ostküste Australiens. Dem Kontinent vorgelagert ist eine breite, relative seichte Lagune mit dem »Great Barrier Reef« an seinem äußeren Rand. Östlich davon bricht der Kontinentalhang in die Tiefsee ab. Eine vergleichbare Situation war während der Trias am Rand des Tethys-Ozeans verwirklicht, und ist in Gesteinen dokumentiert, die heute die nördlichen Kalkalpen Österreichs und Bayerns aufbauen. Über einen Zeitraum von etwa 50 Millionen Jahren hinweg herrschten damals Bedingungen, die die Bildung einer ausgedehnten Karbonatplattform an einem passiven Kontinentalrand begünstigten. Die sedimentäre Entwicklung begann mit klastischen Sedimenten und der Bildung von salinaren Ablagerungen (alpine Salzlagerstätten wie Hallstatt, Bad Aussee, Bad Reichenhall), darüber entwickelten sich mächtige Karbonatabfolgen, aus denen viele Berge der nördlichen Kalkalpen, wie die Zugspitze (Süddeutschland) oder der Dachstein (Österreich), aufgebaut sind.

Gebirge stellen für viele Menschen eher eine »emotionale Größe« als ein erdwissenschaftliches Phänomen dar. Roderick Peattie (1891–1955), Geograf und Romantiker, schrieb 1936 in seinem Buch *Mountain Geography; A Critique and Field Study* zur Definition von Bergen (übersetzt): »Berge sollten beeindruckend sein, sie sollten die Phantasie der Menschen anregen, die in ihrem Schatten leben«. Als Beispiel für Individualität von Bergen und die Inspiration, die sie für Menschen darstellen, schreibt er: »Fuji ist gutartig, seine Gelassenheit gibt ihm einen Platz in der japanischen Philosophie. Ätna ist eher ein Teufel als eine Gottheit. Er ist eine Kraft des Bösen, das seine kochenden Lava-Arme teuflisch in Richtung der Dörfer ausstreckt«.

Die moderne Wissenschaft sieht die Zusammenhänge zwischen Plattentektonik und Gebirgsbildung (»Orogenese«) etwas trockener. Konvergenz, also die Bewegung von Platten zueinander, führt zu Deformation, Krustenverdickung an Plattenrändern und zur Entstehung von Gebirgen. Dementsprechend sind Gebirge lange, relativ schmale und mehr oder weniger lineare, topografische Hochzonen. Gebirgsbildungen fanden in Episoden zumindest seit dem Archaikum statt. Die Mechanismen und die mechanischen und thermischen Randbedingungen haben sich im Lauf der Zeit allerdings etwas geändert. Ältere Gebirge, wie der Variszische Gebirgsgürtel Europas mit einem Alter der Deformation zwischen 360 und 310 Millionen Jahren, sind bereits weitgehend erodiert und formen ein nur mäßig ausgeprägtes Relief. Man denke an die Morphologie des Rheinischen Schiefergebirges (Deutschland) oder den Böhmerwald (Deutschland, Österreich, Tschechien). Dagegen haben junge Gebirge wie der Himalaya, der seine Hauptverformung vor etwa 20 Millionen Jahren erfahren hatte und der tektonisch immer noch aktiv ist, ein äußerst akzentuiertes Relief, das durch das Wechselspiel von Hebung und Erosion geformt wird. Die Höhe von Gebirgen korreliert, gemäß dem Prinzip der Isostasie, mit der Dicke von Kruste und Lithosphäre. Die kontinentale Kruste des Himalayas und des Tibetanischen Plateaus hat eine Dicke von etwa 70 Kilometern, die Gebirge erreichen eine mittlere Höhe von etwa 5.000 Metern. Die Krustenbasis der europäischen Alpen mit einer mittleren Höhe von etwa 2.300 Metern liegt bei etwa 45 Kilometern. Einfache Modelrechnungen am Beispiel des Himalayas zeigen, dass Gebirgsbildung, Hebung, Erosion und Klimaentwicklung gekoppelte Systeme sind, die sich wechselseitig beeinflussen.

Die Känozoische Kollision von Indischer und Eurasischer Platte führte zu Verdoppelung der Kruste bei gleichbleibender Dicke des subkontinentalen Mantels. Aus dem »Schwimmgleichgewicht« der Kruste auf der Asthenosphäre lässt sich die Höhe eines Gebirges errechnen. Berechnet man das Schwimmgleichgewicht für eine 60 km dicke Kruste (für die mittlere Dichte nimmt man 2,8 g/cm^3 an), die einem 70 km dicken lithosphärischen Mantel (Dichte 3,3 g/cm^3) aufliegt und nimmt zusätzlich an, dass die Asthenosphäre die Auflast gleichmäßig aufnimmt, dann ergibt sich eine mittlere, errechnete Meereshöhe des Himalayas von etwa 4.150 Metern.

Das sich aufbauende, West-Ost streichende Gebirge stellte zunehmend eine Barriere dar, die die nach Nordost strömenden Luftmassen zum Aufstieg zwang. Der Sommermonsun entwickelte sich und das Gebiet nördlich des Himalaya-Hauptkamms (Tibet) wurde zunehmend trockener, während erhöhte Niederschläge an der Südseite des Himalayas die Erosion (Abtragung) förderten. Die Erosion eines Gesteinsblocks von 1.000 Metern Dicke führt aber nicht zu einer Reduktion der Meereshöhe im gleichen Maße, da sich ein neues Schwimmgleichgewicht einstellt. Somit führt die Abtragung von 1.000 Metern Gestein nur zu Reduktion der mittleren Seehöhe von 138 Metern. Die Erosion ist aber kein Prozess, bei dem Gesteinsmassen gleichmäßig abgetragen werden. Vielmehr schneiden Flüsse und Gletscher Täler ein und schaffen ein »Sägezahn-Relief«. Verteilt man die gedachten 1.000 Meter Erosionsmaterial auf ein »Sägezahn-Relief« mit 2.000 Metern Höhendifferenz zwischen Berggipfel und Talniveau, wird man feststellen, dass bei gleicher Menge an Erosion die Bergspitzen auf hypothetische 5.016 Meter Seehöhe »anwachsen«, während sich die Täler immer tiefer einschneiden. Dieses Rechenbeispiel zeigt, dass intensiver Regen die Erosion fördert und zum Wachstum von Bergspitzen führt. Hohe Gebirge wiederum führen zur Intensivierung der Regenmengen und verstärken diesen Prozess.

Gebirge formen sich, wenn Kontinente miteinander kollidieren (»Collisional Orogens«), oder wenn Fragmente wie Inselbögen, ozeanische Plateaus aber auch Mikrokontinente an einen Kontinent angelagert werden (»Accretionary Orogens«). Ein dritter Typ sind intrakontinentale Gebirge, die sich weit entfernt von aktiven Plattengrenzen bilden. Ein Beispiel hierfür ist das Tien Shan-Gebirge (China, Kirgistan), dessen Bildung mit dem Transfer von Spannungen im Zuge der Känozoischen Indien/Eurasien-Kollision in Verbindung gebracht wird. Die nordamerikanische Cordillera Kanadas und Alaskas, ein Akkretionsgebirge, ist eine Collage von unterschiedlichen Krustenteilen (»Terranes«), die im Laufe der letzten 300 Millionen Jahre an den Kontinent angelagert wurden. Viele dieser Terranes enthalten Hinweise darauf, dass sie aus dem heutigen pazifischen Raum stammen und über mehrere 1.000 km transportiert wurden, bevor sie an den Kontinent andockten. Terranes – wenn es sich um Fragmente unbekannten Ursprungs handelt nennt man sie »Suspect Terranes« – können auch entlang großer Seitenverschiebungen parallel zum Kontinentalrand verdriftet werden. Die Halbinsel Baja California (Mexiko) wurde vor vier Millionen Jahren vom mittelamerikanischen Kontinent durch ein Rifting abgetrennt und bewegt sich seither entlang der San Andreas Störung nordwärts. Diese Halbinsel ist ein potentielles Terrane, das nordwärts driftet und eines fernen Tages vermutlich mit Alaska kollidieren wird. Kontinentale Kollisionsorogene, wie die europäischen Alpen oder der Himalaya, sind durch die Stapelung meist »alter« Krustenelemente charakterisiert. Im Gegensatz zu Akkretions-Orogenen ist der Anteil an neu gebildeter Kruste (»juvenile Kruste«), die im Zuge der Gebirgsbildungsphase entstanden ist, meist gering. Die Krustenverdickung erfolgte durch Stapelung von Gesteinen und ist im Zentrum eines Gebirges am größten. Diese Teile stehen unter größtem Auftrieb und erfahren dadurch auch die größte »Exhumierungsrate«. Als Exhumierung bezeichnet man die Heraushebung eines Gesteinsblocks in Bezug zur Erdoberfläche. Der Begriff der Hebung (= »Uplift«) beschreibt dagegen die Bewegung der Erdoberfläche in Bezug zum Meeresspiegel. Durch Exhumierungsprozesse gelangen vormals tief versenkte, hochmetamorphe Gesteine im Zentrum eines Gebirges an die Oberfläche und bilden meist das metamorphe »Rückgrat« eines Kollisionsgebirges. Gebirge mit verdickter Kruste stellen eine Instabilität dar, die nach Ausgleich strebt. Tektonische Prozesse und Erosion »trachten« danach, dieses Ungleichgewicht wieder auszugleichen, indem sie Gebirge abbauen und die Krustenmächtigkeit reduzieren. Durch die erosive Aktivität von Flüssen und Gletschern wird Material in die Vorländer von Gebirgen transportiert und in sogenannten »Molassebecken« sedimentiert. Im Falle der Alpen sind die Niederungen entlang der Donau (nördliches Alpenvorland), beziehungsweise des Po-Flusses (südliches Alpenvorland) derartige Vorland-Molassebecken. Durch die noch immer anhaltende Nord-gerichtete Bewegung Afrikas stehen sie unter Kompression und sind teilweise gefaltet. Das Pannonische Becken am Ostrand der Alpen ist ebenfalls ein Molassebecken, das den Gebirgsschutt der Alpen aufnimmt. Dieses Becken ist allerdings durch einen anderen Mechanismus entstanden. Nord-gerichtete Kompression führte gleichzeitig zu Dehnung in Ost-West-Richtung und über der gedehnten Lithosphäre entwickelte sich hier ein Dehnungsbecken.

Wachstumsraten (oder Senkungsraten) von Gebirgen werden durch ein äußerst dynamisches Gleichgewicht bestimmt, das mit Materialflüssen beschrieben werden kann. Die Menge an Material, die in ein Gebirge »hineinfließt« (Deckenstapelung, Verformung, Volumenzunahme durch magmatische Prozesse, etc.), im Verhältnis zur Menge an Masse, die aus einem Gebirge »hinausfließt« (Klima-gesteuerte Erosion), bestimmt die Wachstumsrate. Im Falle der Alpen sind die aktuellen Hebungsraten gering. Die Zentralalpen und Teile der westlichen Ostalpen heben sich mit bis zu zwei Millimeter pro Jahr. Die östlichen Ostalpen sind, nach geodätischen Messungen zu urteilen leicht von einer Absenkung betroffen.

Die Randbedingungen bei Gebirgsbildungen sind äußerst variabel und dementsprechend vielfältig ist die Zusammensetzung und das Erscheinungsbild von Gebirgen. Gemeinsame Elemente jeder Gebirgsbildung sind die Versenkung und der Wiederaufstieg von Gesteinen, sichtbar an metamorphen Reaktionen von Mineralen. Unter Metamorphose (griechisch *metamorphosis* = Verwandlung) versteht man die vorwiegend isochemische Veränderung der mineralogischen Zusammensetzung eines Gesteins bei sich ändernden Drücken und Temperaturen. Vereinfacht gesagt werden aus dem »chemischen Cocktail« diejenigen Minerale gebildet, die den jeweiligen Drücken und Temperaturen am besten angepasst sind. Umgekehrt kann man aus der mineralogischen Zusammensetzung und den Reaktionen zwischen den Mineralen auf die Druck- und Temperatur-Bedingungen schließen, die während der Mineralbildung herrschten. Ist man zusätzlich in der Lage, die Bildung der Minerale durch geochronologische Methoden zeitlich festzulegen, kann man sogenannte Druck-Temperatur-Zeit-Pfade (P-T-t Pfade) erstellen. Diese dokumentieren welche Geschichte ein Gestein während der Gebirgsbildung erlebt hat. Sie liefern aber auch Informationen über den generellen thermischen Status eines Gebirges, das Ausmaß der Krustenverdickung und die zeitlichen Abläufe während der Gebirgsbildung.

Die Temperatur eines Gebirges ergibt sich aus einer Kombination von Wärmequellen, die im Mantel und in der Kruste generiert werden. Krusten-generierte Wärme ist in kontinentalen Kollisionszonen ein dominantes Element, da die kontinentale Kruste reich an den radioaktiven Elementen Uran, Thorium und Kalium ist. Verdickte Kruste hat einen entsprechend hohen Anteil an Wärmeproduktion durch den radioaktiven Zerfall dieser Elemente. In magmatischen Bögen, wie den Anden, dominiert aus dem Mantel gespeiste Wärme, und Wärme, die durch Transport von Material und

Fluiden in das Orogen gelangen. Erhöhte Temperaturen wirken sich dramatisch auf das Materialverhalten von Gesteinen aus. Die Gesteinsfestigkeit wird, in Abhängigkeit von der Gesteinszusammensetzung, reduziert. Unter Spannungen, wie sie bei konvergierenden Plattenbewegungen herrschen, werden Gesteine »fließfähig« (»duktil«), somit leicht verformbar und können Falten und Überschiebungsgürtel bilden. Steigt die Temperatur gar bis zum Schmelzpunkt, kann das Gestein vollständig desintegriert werden, und die Verformung wird an Schmelzen lokalisiert. Das Gestein fließt dann bereits unter geringen Spannungen. Wärmebudget und Größe eines Gebirges haben also Auswirkungen auf die Fließfähigkeit von Gesteinen und somit auf den tektonischen Stil, der in einem Gebirge vorherrscht. Die Geometrie von kleinen und kalten Gebirgen, wie zum Beispiel den europäischen Alpen, wird von äußeren Spannungen determiniert, die aus den Bewegungen der konvergierenden Platten resultieren. Das Gebirge verhält sich, in erster Näherung, wie ein kalter, fester Gesteinskörper an den horizontale Spannungen angelegt werden, und in dem sich Scherbrüche bilden. Es entwickeln sich Überschiebungszonen, die in Richtung des Zentrums des Gebirges geneigt sind, der tektonische Transport erfolgt in Richtung der Gebirgsvorländer. Im Nordteil der Alpen ist die generelle »Polarität der Überschiebung«, die Überschiebungsrichtung, nach Norden gerichtet, im Südteil der Alpen ist sie nach Süden gerichtet. Es bildet sich ein sogenanntes bi-polares Gebirge mit Senken (Molassebecken) an beiden Gebirgsrändern. Das Gebirge ist vorwiegend »mechanisch determiniert«. Externe Faktoren, die von außen auferlegten Spannungen, und die hohe Festigkeit des Gebirges, die in Zusammenhang mit der relativ geringen Temperatur steht, bestimmen die Geometrie.

Der Begriff »kaltes Gebirge« bedarf einer Erklärung, denn natürlich herrschen an der Gebirgswurzel (unter den Alpen) Temperaturen von mindestens 550 °C und weite Teile des Gebirges waren metamorphen Bedingungen der Amphibolit-

Fazies unterworfen. Das Studium von Sedimenten in den den Gebirgen vorgelagerten Molassebecken, liefert generelle Aussagen zum Wärmebudget eines Gebirges, da diese Sedimente ja eine homogenisierte Mischung des abgetragenen Gebirgsmaterials beinhalten. Isotopengeochemische und geochronologische Techniken, wie sie im nächsten Kapitel beschrieben werden, kommen dabei zur Anwendung. Das geochronologische Alter eines Minerals ist an seine Temperaturgeschichte gekoppelt. Erst unter einer bestimmten, Mineral-spezifischen Temperatur, der Schließtemperatur, verbleiben Mutter- und Tochter- Isotope im Mineral, und durch den Zuwachs der Tochter Isotope kann ein Alter ermittelt werden. Findet man zum Beispiel im Sediment einen Hellglimmer, der mittels Kalium/Argon oder Argon/Argon-Datierung ein Alter von 320 Millionen Jahren ergibt, weiß man, dass dieses Mineral seit 320 Millionen Jahren keine Temperaturen über etwa 400 °C erlebt hat. Das Liefergebiet, aus dem der Hellglimmer stammt, war seit dieser Zeit also nicht über 400 °C erwärmt worden. Hellglimmer aus der nördlichen Molasse-Zone der Alpen liefern ein weites Alters-Spektrum. Die überwiegende Menge der Hellglimmer ist wesentlich älter als das Alter der alpinen Gebirgsbildung. Dies bedeutet, dass die Gebirgsbildung unter relativ kühlen Bedingungen stattgefunden hat. Die Temperaturen waren nicht so hoch, dass die Mehrzahl der Gesteine (Hellglimmer) über 400 °C erwärmt wurde.

Große und heiße Kollisionsorogene, wie der Himalaya einschließlich des Tibetanischen Plateaus, sind wesentlich breiter und »fließen« unter ihrer eigenen Last. Die Temperaturen an der Basis der Kruste erreichen den Schmelzpunkt der Gesteine, die somit an Festigkeit verlieren. Die weiche und fließfähige Unterkruste ist mechanisch vom unterlagernden, steifen Mantel und von der überlagernden, kühleren und steiferen Oberkruste entkoppelt. Es bildet sich ein Kanal (»channel«) von fließfähigem (duktilen) Material, das entsprechend dem »Druckgradienten« (besser: Spannungsgradienten) in Richtung Vorland fließt. Der Spannungsgradient ergibt sich aus der Höhendifferenz zwischen hoch liegendem Gebirgsplateau (Tibetanisches Plateau) und tief liegendem Vorland (Ganges Ebene). Die Bewegung des Gesteinskörpers ist hier uni-polar, im Fall des Himalayas, nach Süden gerichtet. Die Entwicklung des topografischen Gradienten, und somit des Spannungsgradienten, ist in großem Ausmaß klimatisch gesteuert. Heftige Monsunregen erhöhen die Erosionsrate am Südrand des Himalaya und somit den topografischen Gradienten. Große und heiße Orogene sind »mechanisch und thermisch determiniert«, die teilweise geschmolzene Unterkruste zerfließt unter ihrer eigenen Last – in Richtung der »größten Niederschlagsmenge«.

Das Abtragungsmaterial des Himalaya gelangt über Fluss-Systeme (Indus, Ganges, Brahmaputra) in das Vorland des Himalaya (Pakistan bzw. Ganges Ebene) und weiter ins Arabische Meer, oder an der Bucht von Bengalen in den Indischen Ozean. Die Mächtigkeit der Sedimente erreicht im submarinen Bengal-Schwemmfächer (»Bengal Fan«) bis zu 12 km. Auch an Molasse-Sedimenten des Himalayas wurden, wie in den Alpen, geochronologische Untersuchungen an detritischen, zerbrochenen und transportierten Mineralen durchgeführt. Diese zeigten, dass der überwiegende Anteil der Minerale ein Alter aufweist, das etwa dem Alter der Gebirgsbildung im Himalaya entspricht (50 bis 15 Millionen Jahre). Dies zeigt, dass während der Orogenese große Teile des Himalayas erhöhten Temperaturen ausgesetzt waren. Die Datierung von Mineralien erlaubt auch Rückschlüsse über die Geschwindigkeiten, mit denen diese Prozesse ablaufen. Nehmen wir an, man findet einen Hellglimmer in einem Sediment, das vor 15 Millionen Jahren abgelagert wurde und datiert diesen mit der Argon/Argon-Methode. Bestimmt man für diesen detritischen Glimmer ein Alter von 17 Millionen Jahren, so weiß man zusätzlich zur Information des Alters auch, dass die Schließtemperatur für dieses System (Ar/Ar-Hellglimmer) bei etwa 400 °C liegt. Das impliziert, dass dieser Glimmer vor 17 Millionen Jahren, höchstwahrscheinlich beim Transport an die Erdoberfläche (Exhumierung), unter 400 °C abgekühlt war. Damals befand er sich etwa 13 Kilometer unter der Oberfläche. Die Zeit zwischen Exhumierung (in unserem Beispiel 17 Millionen Jahre) und Sedimentation (hier: 15 Millionen Jahre) wird »lag time« (Zeitverzögerung) genannt. Sie beschreibt die Zeit, die ein Gesteinsteilchen benötigt, um von einer bestimmten Tiefe (hier: 400 °C oder 13 Kilometer) an die Oberfläche und über Erosions- und Transportprozesse zu seinem Sedimentationsraum zu gelangen. Exhumierungs- und Erosionsgeschwindigkeiten im Zuge von Gebirgsbildungen liegen etwa in der Größenordnung dieses Gedankenexperiments.

Extrem heiße Gebirge (= »ultra hot orogens«), in denen Gesteine lokal auf Temperaturen bis über 1.100 °C aufgeheizt wurden, scheinen in der Vergangenheit verbreitet gewesen zu sein (Archaikum, Proterozoikum), als die Temperatur des Mantels signifikant höher war als heute. Erhöhte Temperatur und geringe Dichteunterschiede im Mantel bzw. zwischen Mantel und Unterkruste förderten den vertikalen Transport von Masse und Energie in Form von Mantel-Konvektion und erleichterten den Aufstieg von Schmelzen (plumes). In Verbindung mit horizontalen Spannungen entwickelten sich großflächige Gebirge ohne klar abgegrenzte Subduktionszonen. Im Gegensatz zu Gebirgen vom »Himalaya-Typ« dominieren vertikale Strukturen und vertikaler tektonischer Transport, der mit dem Begriff »Sagduction« beschrieben wird. Extrem heiße Gebirge sind »thermisch determiniert«, Spannungen die von außerhalb des Systems, von etwaigen Plattenrändern einwirken, spielen eine geringere Rolle. Rezente Beispiele für derartige Gebirgstypen sind selten. Für den Karibischen Raum wurde ein Model vorgeschlagen, in dem aufsteigende Mantelschmelzen die Subduktion rund um die Karibische Platte vor etwa 85 Millionen Jahren initiierten. Dies bedeutet nicht, dass alle charakteristischen Erscheinungsformen von sehr heißen Orogenen in diesem Fall verwirklicht sind, wohl aber, dass Mantelschmelzen auch heute noch eine Rolle in der Entwicklung von Gebirgen haben können.

Wenn die Konvergenz sich verlangsamt oder endet, also kein neues Material in das Orogen hineinfließt, und die horizontalen, einengenden Spannungen kleiner werden, überwiegt ab einem gewissen Zeitpunkt die Gravitation. Das Gebirge zerfällt durch eine Kombination aus Erosion und gravitativem Zergleiten von Gesteinspaketen. Dieser Effekt kann durch Dehnung der Lithosphäre verstärkt werden und führt unter Umständen zu erneutem Rifting. Je nachdem welcher Prozess dominiert, spricht man von gravitativem oder extensionellem Kollaps des Gebirges. Die Abtragung eines Gebirges, durch welchen Prozess auch immer, führt im Zentrum eines Gebirges, zum Aufstieg (Exhumierung) von Gesteinen aus größerer Tiefe. Da in der Regel die Exhumierungsgeschwindigkeiten höher sind als die Geschwindigkeit, mit der das aufsteigende Gestein kühlt, wird mit dem Material auch Wärme in höhere Anteile der Kruste transportiert. Das Gebirge bleibt somit warm, oder erwärmt sich sogar noch, während es zerfällt. Dies wiederum unterstützt einen etwaigen Dehnungsprozess. Es entstehen Kerne von hochmetamorphen Gesteinen, die von niedrigmetamorphen Gesteinen umgeben sind – sogenannte »metamorphe Kernkomplexe«.

Ein »idealer« oder idealisierter Gebirgsbildungszyklus, beschreibt alle Phasen des Entstehens und Vergehens von Ozeanen und die damit verbundenen Erscheinungsformen an den Plattenrändern. Der kanadische Geologe und Geophysiker John Tuzo Wilson (1908–1993) formulierte erstmalig einen derartigen Zyklus, der in der Folge nach ihm benannt wurde. Ausgehend von einem hypothetischen Ruhezustand kommt es durch divergierende Plattenbewegungen zu (1) kontinentalem Rifting, (2) Bildung von jungen, schmalen Ozeanen mit ozeanischer Kruste (Rotes Meer-Typ) und (3) Verbreiterung der Ozeane (Atlantik-Typ). Nach spätestens

200 Millionen Jahren haben Ozeane ihre maximale Ausdehnung erreicht und das Divergenzstadium wird durch Plattenkonvergenz abgelöst. Auf (4) Konvergenz und Verkleinerung der Ozeane durch Subduktion (Pazifik-Typ) folgt das Stadium (5) der Kollision, in dem alle ozeanische Kruste subduziert ist, Kontinente miteinander kollidieren und Gebirge im physischen Sinn erst entstehen (Himalaya-Typ).

Das Konzept des Wilson-Zyklus kann helfen, geologische Phänomene plattentektonischen Prozessen zuzuordnen. Tatsächlich scheinen in vielen Gebirgen die beschriebenen Stadien verwirklicht zu sein. Es ist aber nur ein Konzept, um Abläufe auf unserem Planeten zu beschreiben, die vielfach in Zyklen ablaufen. Ein weiteres Konzept, das später beschrieben wird, ist das der »Superkontinent-Zyklen«. In diesem Konzept sind die treibenden Kräfte in der Mantel-Dynamik zu suchen und weniger in der Dynamik der Lithosphärenplatten.

Dokumentierte Zeit und Zeitdokumente: Geologische Zeitbestimmung

Mit dem 19. Jahrhundert setzte die Erforschung des Werdegangs unseres Planeten auf naturwissenschaftlicher Basis ein. Den frühen Geologen, die sich aus dem Griechischen abgleitet meist Geognosten, also »Erderkenner« nannten, war es noch versagt, das Alter der Erde zu bestimmen. Dennoch war ihnen klar, dass alle Gesteine (erd)geschichtliche Informationen über unseren Planeten gespeichert haben – dass sie also Archive vergangener Umwelten darstellen. Ähnlich wie archäologische Forschung zur Quellenerschließung Fundobjekte zunächst typologisch auswertet und danach einem System von Epochen (z. B. Urnenfelderzeit, Hügelgräberbronzezeit, Glockenbecherkultur, Schnurkeramische Kulturen etc.) chronologisch zuordnet, gehen auch Erdwissenschaftler vor. Sie bedienen sich ebenfalls eines eigenen Zeitsystems, das durch markante Ereignisse der Erdgeschichte (»Erdzeitalter«) gegliedert ist. Bald nach der wissenschaftlichen Etablierung der Geologie lag um die Mitte des 19. Jahrhunderts eine erste Aufstellung erdgeschichtlicher Epochen vor, die noch heute in ihren Grundzügen verwendet wird. Basis der Erdperiodisierung war das von Nikolaus Steno (1638–1686), einem dänischen Anatom und Naturforscher, formulierte »stratigrafische Grundgesetz«. Dieses für die Geologie grundlegende Prinzip ist leicht nachvollziehbar und begegnet uns tagtäglich in vielerlei Hinsicht. Will man beispielsweise eine Torte backen, wendet man das stratigrafische Grundgesetz direkt an: Mehrere horizontale Schichten des gebackenen Tortenbodens werden mit Creme bestrichen und übereinander gestapelt. Eine Schicht für die andere wird auf die jeweils vorherige (= untere) gelegt, ehe die nahezu fertige Torte noch mit Tortenguss oder einer Glasur überzogen wird. Wir haben also eine zeitliche Abfolge der Arbeitsschritte im Endprodukt sichtbar und sobald wir eine Torte anschneiden, ist es uns klar, in welcher Reihenfolge Tortenmasse und Creme aufeinandergefolgt waren – auch wenn wir die Torte nicht selbst hergestellt, sondern beim Konditor gekauft haben.

Mit dem Wissen, dass ältere Schichtgesteine im Liegenden (= bergmännischer Begriff für »unten«) und jüngere sedimentäre Gesteine im Hängenden (= »oben«) anzutreffen sind, suchten die Geologen eine möglichst lückenlose Aneinanderreihung von Schichten, um diese bis zum Ursprung der Erde zurückzuverfolgen. Wenngleich dieses Vorhaben scheiterte, stellte sich zumindest rasch heraus, dass es offensichtlich Zeiten gab, zu denen noch keine (makroskopisch) sichtbaren Hinweise auf Leben vorhanden waren, die gefolgt wurden von Gesteinsabfolgen mit Fossilien. Aber auch die Fossilien selbst zeigten klare Unterschiede, denn je »weiter unten« sie gefunden wurden, desto geringere Ähnlichkeiten hatten sie mit den heutigen Lebensformen. Fossile Lebensformen in den Gesteinen, die kaum Ähnlichkeiten mit heutigen Formen aufweisen und den Forschern in ihren Bauplänen »alt« erschienen, wurden in Zeiten einer einfachen Periodisierung dem Paläozoikum (= Erdaltertum) zugerechnet. Gesteinsserien, deren Fossilien bereits den heutigen Lebewesen stärker ähnelten, aber dennoch verschieden waren, wurden dem Mesozoikum (= Erdmittelalter) zugewiesen, und solche Gesteinsschichten, die Fossilien aufwiesen, die mit lebenden Formen weitgehend übereinstimmen, rechneten sie der erdgeschichtlich jüngeren Periode des Känozoikums (= Erdneuzeit) zu.

Auch heute noch ist dieser Bereich der Forschung, die sogenannte Chronostratigrafie (griechisch *chrónos* = Zeit, lateinisch *stratum* = Schicht und griechisch *grápheïn* = schreiben), einer der Grundpfeiler der geologischen Wissenschaften. Sie hat die relative Zeitbestimmung anhand von »Zeitmarken« in Gesteinskörpern sowie die regionale bis überregionale Korrelation von Gesteinsabfolgen zur Aufgabe. Je nach Art der Zeitmarken, die herangezogen werden, unterscheidet man verschiedene Teil- bzw. Arbeitsbereiche. Die Zeitmarken können unterschiedlicher Natur sein. Spätestens seit der Akzeptanz evolutiver irreversibler Veränderungen der Organismen gelten Fossilien als exzellente Zeitindikatoren. Der Zweig der »Biostratigrafie« versucht eine zeitliche und räumliche Gliederung von Gesteinseinheiten anhand der gleichzeitig mit den Gesteinen abgelagerten Organismen herzustellen. Sie untersucht die zeitlichen Intervalle der Existenzdauer abgegrenzter Taxa innerhalb evolutionärer Entwicklungsreihen (Erstauftreten und Erlöschen bestimmter Arten) und unterteilt danach Erdabschnitte in »Biozonen«, also Zeitspannen, die der Lebensdauer einer bestimmten biologischen Art entsprochen haben (0,5 bis 2 Millionen Jahre). Eine andere Gliederungs- und Korrelationsmethode von Gesteinsabfolgen kann auf Basis unterschiedlicher Gesteinstypen (z. B. Kalk, Tonstein, Sandstein, Konglomerat, etc.) gemacht werden. Man nennt diesen Bereich der Stratigrafie »Lithostratigrafie«. Methodisch kann sie, beispielsweise bei der Parallelisierung von Bohrprofilen (z. B. in der Erdölexploration), um etliche physikalische Gesteinsparameter erweitert werden. Die »Sequenzstratigrafie« korreliert genetisch zusammengehörende Gesteinsverbände, die unterschiedlichen Ablagerungsmilieus entstammen (flachmarin – offenmarin), aber während einer gemeinsamen Ablagerungsphase entstanden sind. Damit können zyklische Meeresspiegel-Schwankungen im Verlauf geologischer Zeiträume erfasst werden. Die »Eventstratigrafie« wiederum nutzt möglichst kurzfristige Ereignishorizonte zur Korrelation. Solche Ereignisse können riesige Vulkanausbrüche gewesen sein, deren Ascheregen weit verbreitet wurden, Tsunamis, die zu weitflächigen Sedimentverlagerungen führten, oder Meteoritenschauer, die extraterrestrisches Material (wie Iridium) auf die Erde brachten. Es gibt auch noch weitere Methoden der Stratigrafie wie die »Chemostratigrafie«, die sich geochemische Änderungen im Meerwasserchemismus oder Schwankungen der Verhältnisse stabiler Isotopen zu Nutze macht. Auch der Polaritätswechsel im Erdmagnetfeld wird zur »Magnetostratigrafie« herangezogen.

Die Daten der genannten stratigrafischen Disziplinen gehen in eine relative Zeitskala ein, die in bestimmte, international festgelegte Zeitabschnitte untergliedert und in Tabellenform dargestellt wird. Diese sogenannte Chronostratigrafische Tabelle (»International Chronostratigraphic Chart«) wird von der International Commission on Stratigraphy (ICS) ständig verfeinert und regelmäßig in einer aktuellen Fassung herausgegeben. Der Aufbau der Tabelle folgt einer chronologischen und hierarchischen Gliederung in sogenannte Äonotheme, Äratheme und Systeme (siehe Tabelle). Die Systeme werden ihrerseits in Serien und diese wiederum in Stufen untergliedert (sind in der Tabelle nicht dargestellt).

Ein wichtiger Aspekt der chronostratigrafischen Einheiten ist, dass diese an physische Gesteinskörper gebunden sind, deren Grenzen durch speziell ausgewiesene Profile (= Gesteinsabfolgen) von der ICS festgelegt werden. Der »Fußpunkt« eines solchen Profils wird durch einen »Goldenen Nagel« (Golden Spike) in der Gesteinsabfolge markiert. Auf diese Weise hat jede definierte chronostratigrafische Einheit ein sogenanntes Grenzstratotyp-Profil und einen Grenzstratotyp-Punkt (Global Boundary Stratigraphic Section and Point = GSSP).

Chronostratigrafische Einheiten sind also Gesteinskörper, die Mineralien und Fossilien der jeweiligen erdgeschichtlichen Zeit archiviert haben. Entsprechend ihres »materiellen« Charakters werden die Einheiten zueinander in einer »unten-oben-Beziehung« ausgedrückt. Die »Mächtigkeit«, also die Dicke der Gesteinspakete, ist nicht Ausdruck der Bildungsdauer. Sedimentgesteine können sehr rasch und in großen Mengen (Mächtigkeiten) entstanden sein. Man denke an Sturmflutereignisse, submarine Hangrutschungen,

Äonothem	Ärathem	System	Alter (Mio. Jahre)
Phanerozoikum	Känozoikum	Quartär	2,588–0
		Neogen	23,03–2,588
		Paläogen	66–23,03
	Mesozoikum	Kreide	145–66
		Jura	201,3–145
		Trias	252,2–201,3
	Paläozoikum	Perm	298,9–252,2
		Karbon	358,9–298,9
		Devon	419,2–358,9
		Silur	443,4–419,2
		Ordovizium	485,4–443,4
		Kambrium	541–485,4
Proterozoikum	Neoproterozoikum	Ediacarium	635–541
		Cryogenium	850–635
		Tonium	1.000–850
	Mesoproterozoikum	Stenium	1.200–1.000
		Ectasium	1.400–1.200
		Calymmium	1.600–1.400
	Paläoproterozoikum	Statherium	1.800–1.600
		Orosirium	2.050–1.800
		Rhyacium	2.300–2.050
		Siderium	2.500–2.300
Archaikum	Neoarchaikum		2.800–2.500
	Mesoarchaikum		3.200–2.800
	Paläoarchaikum		3.600–3.200
	Eoarchaikum		4.000–3.600
Hadaikum			4.600–4.000

Bergstürze und dergleichen. Sedimente können aber auch sehr langsam angehäuft werden, wie das beispielsweise in der Tiefsee der Fall ist.

Die Zeit nicht nur relativ, wie wir es am Beispiel der Torte uns überlegt haben, sondern »absolut« zu erfassen, ist die Aufgabe der »Geochronologie«. Übertragen auf unser Tortenbeispiel versucht sie Antworten auf Fragen finden, die etwa so lauten könnten: »um wieviel Uhr am Vormittag wurde der erste Tortenboden mit Creme bestrichen?«, oder »wieviel Zeit ist vergangen, ehe die gebackene Mehlspeise die Glasur erhielt?« Dazu benötigt es der Zeitmessung, einer Uhr. Genau das macht auch die Geochronologie, die sich »geologischer Uhren« bedient, die die eindeutige, unumkehrbare »physikalische Größe« der Zeit bis in die tiefste Erdgeschichte aufspüren. Zu den »geologischen Uhren« zählen Zerfallsreihen radioaktiver Elemente, deren Isotopenverhältnisse sich aufgrund unterschiedlicher Zerfallszeiten ändern. Der Name Isotop leitet sich von den griechischen Bezeichnungen *isos* = gleich und *topos* = Ort, Stelle ab. Er bezieht sich darauf, dass Isotope eines Atoms den gleichen Platz im Periodensystem einnehmen, also gleich viele Protonen und Elektronen haben. Nur die Anzahl der Neutronen und somit die Masse eines Atoms ist verschieden. So haben zum Beispiel die Kohlenstoff-Isotope ^{12}C und ^{14}C gleich viele Protonen und Elektronen (jeweils 6), ^{14}C hat aber um zwei Neutronen mehr als das Isotop ^{12}C. Hat ein Atomkern ein ausgewogenes Verhältnis von Protonen und Neutronen ist sein Grundzustand stabil. Bei kleineren Kernen stellt sich ein stabiler Zustand ein, wenn die Neutronenzahl etwa gleich der Anzahl der Protonen ist. Für schwerere stabile Kerne werden zunehmend mehr Neutronen benötigt. Weicht die Neutronenzahl vom »stabilen« Zahlenwert ab, so wird der Kern instabil und entsprechend radioaktiv. Dabei zerfallen »Mutter-Isotope« unter Abstrahlung von Heliumkernen (zwei Neutronen und zwei Protonen; α-Zerfall), der Emission oder dem Einfang von Einzelelektronen (β-Zerfall) oder durch Kernspaltung in stabile und nichtradioaktive »Tochter-Isotope«. Von den etwa 2.500 bekannten, natürlich vorkommenden Isotopen sind nur 254 stabil – Stabilität ist also die Ausnahme und nicht die Regel. Die Zerfallsrate in Folge-Isotope wird mit der Zerfallskonstanten, und davon abgeleitet, mit der Halbwertszeit angegeben. Die Halbwertszeit ist jene Zeit, in der die Hälfte der vorhandenen radioaktiven Mutter-Isotope in die Tochter-Isotope übergeht. Zerfallskonstanten und Halbwertszeit sind Konstanten, die weder von der Anfangsmenge noch von der bereits verstrichenen Zeit abhängen. Um zu verhindern, dass unterschiedliche Daten aus unterschiedlichen Experimenten für Altersberechnungen herangezogen werden, sind Zerfallskonstanten durch eine Kommission festgelegt (International Union of Geological Sciences IUGS, Subcommission on Geochronology).

Eine kleine Auswahl von häufig verwendeten isotopengeochemischen Datierungsmethoden umfasst:

- Uran-Blei-Methode: Zerfall von ^{235}U zu ^{207}Pb (Halbwertzeit 703,8 Millionen Jahre), bzw. Zerfall von ^{238}U zu ^{206}Pb (Halbwertzeit 4.468 Millionen Jahre)
- Samarium-Neodym-Methode: Zerfall von ^{147}Sm zu ^{143}Nd (Halbwertzeit 10.600 Millionen Jahre)
- Rubidium-Strontium-Methode: Zerfall von ^{87}Rb zu ^{87}Sr (Halbwertzeit 48,8 Millionen Jahre)
- Kalium-Argon-Methode: Zerfall von ^{40}K zu ^{40}Ar und ^{40}Ca (Halbwertzeit 1.248 Millionen Jahre für den Zerfall)
- Radiokarbon-Methode: Zerfall von ^{14}C zu ^{14}N (Halbwertzeit 5.730 Jahre)

Voraussetzung nahezu jeder Datierung mittels radiogener Isotope ist die Annahme eines »geschlossenes Systems«. Das bedeutet, weder Mutter- noch Tochter-Isotope dürfen das System (Mineral, Gestein) verlassen. Da die Öffnung eines Systems hauptsächlich durch Diffusion erfolgt und diese wiederum abgängig von der herrschenden Umgebungstemperatur ist, werden Zeitpunkte datiert, zu denen eine bestimmte Temperatur unterschritten wird (Schließtemperatur). Unter dieser Temperatur können weder »Mutter« noch »Tochter« das Mineral verlassen und die »Uhr beginnt zu ticken«. Schließtemperaturen sind sehr unterschiedlich und abhängig von der Mineralsorte und der Isotopenspezies (Isotopensystem). Daraus ergibt sich eine Vielzahl von Anwendungsmöglichkeiten. Eine besondere Bedeutung hat die Datierung des Minerals Zirkon mittels Uran-Blei-Technik. Zum einen ist die Schließtemperatur dieses Systems (U-Pb Technik an Zirkonen) extrem hoch (etwa 800 °C), und zum anderen ist das Mineral Zirkon extrem stabil gegen äußere Einflüsse. Selbst wenn ein Gestein für längere Zeit Temperaturen von 800 °C ausgesetzt war, kann es Zirkon-Minerale (Zirkon-Kerne) enthalten, die die ursprüngliche Isotopenzusammensetzung konserviert haben, also ein geschlossenes System darstellen. Die Datierung von Zirkon erlaubt daher einen Blick weit in die Vergangenheit. Das älteste jemals gefundene Zirkon-Fragment ist 4,4 Milliarden Jahre alt, somit allerdings immer noch gut 140 Millionen Jahre jünger als die Erde selbst. Das Alter der Erde wurde schon Mitte des letzten Jahrhunderts – indirekt – durch Rb/Sr-Datierung von Meteoriten ermittelt. Dabei gilt die Annahme, dass sich die untersuchten Meteoriten gleichzeitig mit der Erde gebildet hatten. Das Problem der Schließtemperaturen spielt bei Meteoriten keine Rolle, da diese extraterrestrischen Körper nach ihrer Bildung keinen erhöhten Temperaturen ausgesetzt waren. Schließtemperaturen der anderen genannten Systeme liegen bei etwa 600 °C für Sm/Nd im Mineral Granat, 450 °C für Rb/Sr in Hellglimmern, bzw. 400 °C für K/Ar in Hellglimmer. Diese Isotopensysteme werden angewandt um magmatische und metamorphe Prozesse, die im entsprechenden Temperaturintervall stattfinden, zu datieren.

Die meist besser bekannte Radiokarbon-Methode, die sich des Zerfalls von ^{14}C zu Nutze macht, ist aufgrund der relativ geringen Halbwertszeit nur für geologisch sehr junge Zeitabschnitte brauchbar. Sie kommt daher zur Datierung von fossilen Pflanzen, Knochen oder karbonatischen Schalen in Frage, die 50.000 Jahre nicht übersteigen.

Abgesehen von der Datierung von Gesteinen liefert die Untersuchung von Isotopensystemen zusätzliche Hinweise über die Entwicklung der Erde, wie das am Beispiel des Rubidium-Strontium-Systems gezeigt werden kann. Die Zusammensetzung der Rb- und Sr-Isotope während der Erdentstehung aus einem »uniformen Reservoir« ist durch das Studium an Meteoriten bekannt. Das initiale $^{87}Sr/^{86}Sr$-Verhältnis, »BABI« (= Basaltic Achondrite Best Initial) genannt, wurde von bestimmten Gesteinsmeteoriten, den Achondriten ermittelt. Ausgehend von diesem Wert (BABI = 0,69896) lässt sich berechnen, wie sich das $^{87}Sr/^{86}Sr$-Verhältnis über die bisherige Lebenszeit der Erde (4,57 Milliarden Jahre) entwickelt hätte, wenn die Erde immer noch ein »homogener Ball« wäre. Da ^{87}Rb im Laufe der Zeit zu ^{87}Sr zerfällt würde das $^{87}Sr/^{86}Sr$-Verhältnis anwachsen. Der Zuwachs an ^{87}Sr wäre nur gering – nach Modellrechnung etwa 0,705 – da relativ wenig ^{87}Rb im Reservoir vorhanden war. Die Erde ist aber kein homogener Ball, denn im Laufe der Jahrmillionen sind aus dem homogenen Reservoir Erdkern, Mantel und Kruste entstanden. Rubidium ist ein sehr lithophiles Element, es ist vor allem in der kontinentalen Kruste stark angereichert. Hohe Konzentrationen an Rubidium, insbesondere ^{87}Rb, das im Lauf der Zeit zu ^{87}Sr zerfällt, führen zu starkem Anwachsen der $^{87}Sr/^{86}Sr$-Verhältnisse in der Kruste. Diese Zusammenhänge lassen sich auf vielfache Weise nutzen. Einfache Umformungen der Altersgleichung erlauben ein »Rückrechnen« zu dem Zeitpunkt, an dem der krustenbildende Prozess stattgefunden hat. Unsere Ozeane stellen ein Sammelbecken für jede Art von Material dar und haben zusätzlich den Vorteil, dass chemische Signaturen durch Durchmischung homogenisiert werden. Gesteine, die im Gleichgewicht mit Meerwasser gebildet werden, wie Kalke, speichern diese Signaturen. Kalke unterschiedlichen Alters bilden daher ein Archiv, das anzeigt, zu welchen Zeiten weltweit besonders viel Krustenmaterial in die Ozeane transportiert wurde. Kalke mit hohen $^{87}Sr/^{86}Sr$-Verhältnissen, wie sie im Zeitalter des Karbon zu finden sind, deuten auf Zeiten intensiver Gebirgsbildungsphasen und starker Erosion hin. Kalke mit niedrigen Werten, wie wir sie im jüngeren Perm finden, dokumentieren den Zerfall des Großkontinents Pangaea und die Beteiligung von Strontium-armer ozeanischer Kruste an der Chemie des Meerwassers.

Eine besondere Stellung innerhalb der Isotopengeologie nehmen sogenannte »ausgestorbene Isotope« (extinct isotopes) ein. Diese sind radioaktive Isotope mit derart kurzen Halbwertszeiten, dass sie nicht mehr in der Natur existieren. Lediglich die Tochterisotope sind Zeugen ihrer ehemaligen Existenz. Als Daumenregel gilt, dass ein Isotop, abhängig von seiner Ursprungskonzentration, nach fünf bis zehn Halbwertszeiten als ausgestorben gilt. Korrekterweise muss gesagt werden, dass ein Isotop nie aussterben kann, da sich seine Konzentration exponentiell dem Nullpunkt nähert, diesen aber nie erreicht. Die Konzentration ist aber nach fünf bis zehn Halbwertszeiten meist unter der Nachweisgrenze. Beispiele für »extinct isotopes« und deren Tochter-Isotope sind:

- ^{129}I (Jod) zerfällt zu ^{129}Xe (Xenon) –
  Halbwertzeit 16 Millionen Jahre
- ^{26}Al (Aluminium) zerfällt zu ^{26}Mg (Magnesium) –
  Halbwertzeit 0,7 Millionen Jahre
- ^{107}Pd (Palladium) zerfällt zu ^{107}Ag (Silber) –
  Halbwertzeit 6,5 Millionen Jahre
- ^{182}Hf (Hafnium) zerfällt zu ^{182}W (Wolfram) –
  Halbwertzeit 9 Millionen Jahre

Bemerkung: Kohlenstoff (^{14}C) zerfällt mit weit geringeren Halbwertszeiten (5.730 Jahre) zu ^{14}N und ist dennoch nicht ausgestorben. Dies liegt daran, dass ^{14}C ein »kosmogenes Radionuklid« ist, das durch kosmische Strahlung (Neutronenbeschuss) in der Atmosphäre ständig aus Stickstoff (^{14}N) neu erzeugt wird.

Die Anwendung und der Nutzen ausgestorbener Isotope folgt folgender Logik: Angenommen sie haben ein altes Buch (»Tochter«) vor sich, kennen aber dessen Erscheinungsjahr nicht. Sie kennen aber die Autorin (»Mutter«) und wissen, dass diese im Jahr 1900 im Alter von 60 Jahren verstorben ist. Sie kann das Buch also nur vor ihrem Ableben geschrieben haben. Das Erscheinungsjahr des Buches liegt zwischen 1845, denn da hat sie schreiben gelernt, und 1900, ihrem Todesjahr.

Ähnlich verhält es sich mit ausgestorbenen Isotopen, man kennt die »Töchter« und den »Todeszeitpunkt der Mutter«.

Allgemein gibt das Vorhandensein von Tochter-Isotopen ausgestorbener Mutterisotope Aufschluss über Prozesse während der Lebensdauer der Mutter-Isotope. Ein Anwendungsbeispiel aus dem Bereich der Erdwissenschaften: Hafnium (^{182}Hf) zerfällt mit kurzer Halbwertszeit zu Wolfram (^{182}W). Während Wolfram ein siderophiles Element ist, das sich im Kern anreichert, konzentriert sich Hafnium im Mantel und in der Kruste. Die Verhältniswerte von Hf/W sind daher im Erdkern klein und im Mantel dagegen groß. Da in der Frühphase der Erdentstehung viel ^{182}Hf zur Verfügung stand, das zu ^{182}W umgewandelt wurde, ist das Verhältnis von ^{182}W (Tochterisotop) zum stabilen ^{183}W (^{182}W/^{183}W) im Mantel ebenfalls hoch, während es im Kern klein ist. Wäre Erdkern und Erdmantel erst sehr spät, also zu einem Zeitpunkt gebildet worden, in dem ^{182}Hf bereits ausgestorben war, müssten im Mantel niedrige ^{182}W/^{183}W-Verhältnisse existieren, da ja kein ^{182}W mehr gebildet worden wäre. Dies ist jedoch nicht der Fall, die ^{182}W/^{183}W-Verhältnisse im Mantel sind vergleichsweise hoch. Es muss also sehr früh in der Erdgeschichte zur Bildung des Kerns gekommen sein. Berechnungen zeigen, dass sich der Erdkern bereits zehn bis 30 Millionen Jahre nach der Bildung des Sonnensystems formiert hat.

Mit geochronologischen und isotopengeochemischen Methoden lassen sich also punktuell Ereignisse der Erdgeschichte und sekundär die Entstehungszeit von Gesteinen absolut-zeitlich datieren. Dabei ist zu beachten, dass die Geochronologie immateriell ist. Mit ihren Methoden wird das Alter ermittelt, dementsprechend haben geochronologische Einheiten zueinander auch eine »älter-jünger-Beziehung«.

Die Geochronologie ist keine stratigrafische Methode. Zum Beispiel kann eine bestimmte »Zeit« aus der Erdgeschichte gar nicht dokumentiert sein, wenn zu diesem Moment eben keine Gesteine gebildet, oder diese zu einem späteren Zeitpunkt verwittert und abgetragen oder gar aufgeschmolzen wurden. Die Geochronologie kann aber bestimmte Gesteinsproben datieren und liefert zudem für die geologische Zeitskala die radiometrischen Altersangaben der einzelnen erdgeschichtlichen Zeitabschnitte (in Millionen Jahren). Es werden folgende geochronologische Zeitintervalle unterschieden: Äon (griechisch: *aión* = Ewigkeit), Ära (lateinisch: *aera* = Zeitalter), Periode (griechisch *períodos* = sich wiederholender Abschnitt), Epoche (griechisch: *epoché* = Haltepunkt) und Alter. Aus dem wissenschaftshistorischen Kontext korrespondieren diese Einheiten mit chronostratigrafischen Einheiten und werden meist gemeinsam in einer Tabelle geführt.

DAS HADAIKUM: ENTSTEHUNG DER ERDE IM STÄNDIGEN KOMETENHAGEL

Will man die tektonische Entwicklung der Erde während der letzten 4,5 Milliarden Jahre auf einfachste Schlagwörter herunterbrechen, dann bietet sich für das erste Äonothem (Äon), für das Hadaikum die Bezeichnung »Bombardement-Tektonik« an. Das Archaikum könnte man, wenn man sich auf Konvektion als dominantem Modus des Wärmetransports und die daran gekoppelte Tektonik bezieht, als »Wärme-Tektonik« (»Heat Tectonics«) bezeichnen. Die fortschreitende Hydratisierung der ozeanischen Kruste ab dem späten Archaikum war Voraussetzung für die Etablierung der Plattentektonik. Der Begriff »Hydratationstektonik« (»Water Tectonics«) würde sich für diesen Zeitabschnitt anbieten. Die Grenze Hadaikum/Archaikum ist mit vier Milliarden Jahren geochronologisch definiert, das letzte große Bombardement der Erde durch Asteroiden (»Late Heavy Bombardement«) endete vor etwa 3,8 Milliarden Jahren, also nach dem nominellen Ende des Hadaikums. Einschneidende Ereignisse, die in den Zeitraum des Hadaikums fallen, sind die Differenzierung der Erde in Erdkern, Erdmantel und frühe Erdkruste, sowie die Bildung der Ozeane und der frühen Atmosphäre.

Auf der Erde wurden bisher keine Gesteine gefunden, die älter als die 4,03 Milliarden alten »Acasta Gneise« Kanadas sind. Die Interpretation der Ereignisse vor diesem Zeitpunkt beruht auf (Isotopen)geochemischen Daten, der Analyse von Zirkonen und auf modellhaften Überlegungen. Die Bildung einer zonierten Erde (Kern, Mantel, Kruste) setzt das Vorhandensein von Schmelzen voraus, in denen sich Elemente trennen und schwere Anteile wie Eisen in den Kern sinken konnten. Mögliche Wärmequellen, die eine Temperatur des hadaischen Mantels von mindestens 3.000 °C ermöglicht hatten, sind: (1) Kinetische Energie durch Impakt-Ereignisse (»accre-

tional energy«), (2) Energie aus exothermen, Energie freiset-
zenden Reaktionen bei der Bildung von Hochdruckminera-
len im Zuge des Planeten Wachstums (»gravitational collap-
se«), (3) Energie aus dem Zerfall radioaktiver Isotope (»radio-
genic heat«), und (4) exotherme Prozesse während der Bildung
des Erdkerns. Die Akkretionsenergie, die bei der Kollision
der Erde mit Theia freigesetzt wurde, lieferte genügend Energie, um einen terrestrischen Planeten von der Größe der Erde weitgehend aufzuschmelzen.

Der älteste auf der Erde gefundenen CAI-Meteorit lieferte
ein Alter von 4,568 Milliarden Jahren und datiert den Zeitpunkt der Akkretion der Planetesimale. Bereits 10 bis 30 Millionen Jahre später war die Erde auf 80 bis 90 % ihrer heutigen Masse angewachsen. Ein Proto-Kern und Proto-Mantel
hatten sich bereits gebildet, als die Erde dann im Zeitintervall
von vor 4,53 bis 4,52 Milliarden Jahren (etwa 40 Millionen
Jahre nach der Akkretionsphase) mit Theia kollidierte. Die
Hauptmasse des Kerns von Theia verschmolz mit dem Erdkern und große Teile, wenn nicht sogar die gesamte Erde
schmolz zu einem Magma-Ozean. Anteile des Magma-Ozeans und ein geringer Anteil an Kernmaterial wurden in Form
einer Scheibe (»magma disc«) aus dem Anziehungsbereich
der Erde ausgestoßen. Aus den externen Bereichen dieser
Magmascheibe formte sich der Mond. Der gesamte Prozess
dauerte gerade einmal 24 Stunden und innerhalb von 1.000
Jahren war die Hälfte der Impakt-Wärme wieder abgebaut.

Eisen-Nickel-Schmelzen, die letztlich den Kern aufbauen,
trennten sich schnell von den Silikat-Schmelzen des Mantels
und sanken, der Schwerkraft folgend, in das Erdzentrum.
Die Bildung des Magma-Ozeans und der große Dichteunterschied zwischen flüssigem Eisen und flüssigem Silikatge-
stein begünstigte die schnelle und effiziente Trennung beider Phasen. Die Erstarrung der Eisen-Nickel-Schmelzen, die
zur Bildung des festen, inneren Kerns führte, ist ein weit
langsamerer Prozess. Die Kühlungsrate des inneren Kerns
hängt vom Wärmefluss an der Kern/Mantel-Grenze und der

Konzentration radioaktiver Elemente im Kern ab – keine dieser Größen ist gut bekannt. Dementsprechend variieren die errechneten Kristallisationsalter des inneren, festen Kerns zwischen ein bis drei Milliarden Jahren.

Obwohl seismische Daten nahelegen, dass der innere Kern fest ist, verhält er sich, in geologischen Zeitmaßstäben, wie ein Fluid in dem Konvektion (»solid state convection«) möglich ist. Höhere Ausbreitungsgeschwindigkeiten seismischer Wellen parallel zur Rotationsachse der Erde und niedrigere Geschwindigkeiten in äquatorialer Richtung (»seismic anisotropy«) stehen wahrscheinlich in Zusammenhang mit der Vorzugsorientierung der Eisenkristalle im inneren Kern. Diese sind parallel zur Rotationsachse der Erde ausgerichtet und porträtieren den Materialfluss im inneren Kern. Zusätzlich zeigt sich, dass die westliche Hemisphäre des inneren Kerns eine weit höhere Anisotropie aufweist als die östliche Hemisphäre. Die Grenze zwischen innerem und äußerem Kern ist eine Zone mit einer breiartigen Mischung aus Kristallen und Schmelze (»crystal mush«). Sie hat ein Relief von maximal fünf Kilometern. Heterogenität im inneren Kern und der Grenzzone zum äußeren Kern implizieren nicht-uniformen Energiefluss, der wiederum die konvektiven Bewegungen des äußeren Kerns und somit unser Magnetfeld mit beeinflusst.

Richtung und Intensität magnetischer Feldlinien können »kartiert« werden, da diese in magnetisierbaren Gesteinen »eingefroren« sind. Derartige Kartierungen bilden die Fluid-Bewegung im äußeren Kern ab und zeigen die Anwesenheit von Zonen mit vertikalem und horizontalem Massefluss. Zonen mit aufsteigendem Materialfluss liegen heute unter dem Indischen Ozean (Zone mit größter Flussintensität), dem südlichen Afrika und unter dem Atlantik. Die Zone mit dem intensivsten absteigenden Massefluss liegt unter dem Ost-Pazifik, kleinere absteigende Flüsse existieren unter West-Australien, Madagaskar, Nordafrika und Südamerika. Insgesamt driftet das gesamte Magnetfeld in Richtung Westen.

Die Entstehung des Magnetfelds der Erde, des »Geodynamos«, beruht auf drei Voraussetzungen, die in vielen Planeten des Sonnensystems existieren oder existierten: (1) Konvektierendes, leitfähiges Fluid im Zentrum oder nahe des Zentrums eines Planeten, (2) eine Energiequelle (Wärme), die die Fluid-Konvektion aufrechterhält, und (3) Rotation des Planeten. Das Magnetfeld der Erde existiert mit Sicherheit bereits seit dem frühen Archaikum. Es ist aber was die Polarität, Intensität und Ortsstabilität betrifft, alles andere als stabil. Es änderte in unregelmäßigen Abständen seine Polarität, d. h. der magnetische Nordpol wird zum Südpol und der Südpol wird zum Nordpol. Seit einigen tausend Jahren nimmt auch die Intensität des Magnetfeldes kontinuierlich ab. Änderungen der Polarität (»magnetic reversals«) scheinen in unregelmäßigen Zeitabständen zu erfolgen. Das älteste bekannte Reversal ist aus 2,7 Milliarden Jahre alten Basalten Australiens dokumentiert, das letzte fand vor 780.000 Jahren statt. Statistisch gibt es alle 300.000 Jahre ein Reversal. Es gab aber auch lange Zeiträume (20 bis 50 Millionen Jahre), sogenannte »Superchrons«, ohne Umpolungen des Dipol-Feldes. Irregularitäten des Magnetfelds scheinen mit Irregularitäten des Masseflusses im inneren und äußeren Kern zu korrelieren. Mögliche Ursachen dafür sind vielfältig und auf unterschiedlichsten Zeitskalen zu finden. Der Geodynamo wird durch Energiefluss (Masse und Temperatur) befeuert und jede Veränderung im Kühlungsprozess und Massefluss der Erde kann das empfindliche Gleichgewicht stören. Dabei könnte es sich, um nur einige wenige Möglichkeiten zu nennen, um das Kühlen durch das Absinken ozeanischer Platten an die Kern/Mantel-Grenze (Plattentektonik), oder um aufsteigende Schmelzen von eben dieser Grenze (Plume-Tektonik) handeln.

Ein Beispiel hierfür ist das Kretazische »Superplume Event«, das mit einem 30 bis 40 Millionen Jahre andauernden Superchron, ohne nennenswerte Umpolungen des Magnetfeldes, korreliert. Wenn große Manteldiapire (Superplumes) von der Kern/Mantel-Grenze aufsteigen, wird Wärme von dieser Grenze abgeführt und der äußere Bereich des Kerns gekühlt. Dies fördert den Wärmefluss über die Kern/Mantel-Grenze, da der Temperaturgradient ansteigt, und verstärkt dadurch die Konvektion im äußeren Kern um den abnormalen Wärmeverlust auszugleichen. Stärkere Konvektion im äußeren Kern wiederum stabilisiert den Geodynamo und somit das Magnetfeld der Erde. Große magmatische Ergüsse an der Erdoberfläche (»Large Igneous Provinces«, LIP), wie das Ontog Java Plateau nordöstlich Papua Neuguineas, korrelieren mit dem kretazischen Superplume Ereignis zwischen 120 und 80 Millionen Jahren. Die Förderung großer Mengen an Lava im Zuge der Entwicklung von Manteldiapiren hat auch dramatische Auswirkungen auf Meeresspiegelschwankungen, Klima, Zusammensetzung des Meerwassers und die biologische Entwicklung auf der Erde. Dies zeigt in eindrucksvoller Weise die dynamischen Zusammenhänge zwischen Prozessen, die im Kern, im Mantel und an der Oberfläche der Erde stattfinden. Beispielsweise haben LIP-Eruptionen im Pazifischen Becken während der Kreidezeit dazu beigetragen, dass der CO_2-Gehalt der Atmosphäre um das 4- bis 15-fache der heutigen Durchschnittswerte angestiegen war. Dies führte zu einer globalen Erwärmung um 3 bis 8 °C, aber auch zu einem Meeresspiegelanstieg von etwa 125 Metern, da durch die Bildung der Plateaubasalte das Ozeanwasser auf die Kontinente verdrängt wurde. Die weltweite Zunahme von Schwarzschiefern, die als Anzeiger für sauerstoffarme Bedingungen in den Meeren gelten, sowie die Bildung von Erdgas und Erdöl (etwa 60 % der weltweiten Erdöl-Reserven wurden zwischen 110 und 80 Millionen Jahren gebildet) korrelieren mit dem Anstieg von CO_2 zu jener Zeit. Die Zunahme an flachmarinen Schelfarealen durch den Meeresspiegelanstieg, gekoppelt mit der Änderung des Meerwasserchemismus (Anstieg von Kohlenstoff, Phosphor, Eisen) hat manche Organismengruppen in Bedrängnis, andere wiederum zum Prosperieren gebracht haben.

Doch zurück zum Hadaikum: Der Magma-Ozean über dem Kern hatte kurz nach dem Impakt-Ereignis von Theia eine äußerst geringe Viskosität (dünnflüssig), eine adiabatische Temperaturverteilung (geringe Änderung der Temperatur mit der Tiefe) und hohe, turbulente Konvektivität. Da die Schmelztemperatur von Mantelgesteinen mit zunehmender Tiefe leicht ansteigt, begann die Kristallisation der Schmelze in den tiefen Teilen des Magma-Ozeans. Etwa 60 % des Mantels war nach etwa 10.000 Jahren unter die Schmelztemperatur abgekühlt. Gegen Ende der Kristallisation, nach etwa 100.000 Jahren, wandelte sich die Atmosphäre. Aus der »Staub-Atmosphäre« bildete sich eine »Dampf-Atmosphäre«, die isolierend wirkte und den Wärmefluss, also die Kühlung des Planeten, hemmte. Etwa eine Million Jahre nach dem Impakt war die Erdoberfläche soweit abgekühlt, dass die dichte Dampf-Atmosphäre kondensierte und sich flüssiges Wasser gebildet hatte. Geochemische Studien des heutigen Mantels zeigen eine anormal hohe Konzentration von siderophilen, also »Eisen-liebenden«, Elementen. Elemente wie Gold, Platin und Iridium sollten mit dem Eisen im Kern angereichert und daher im Mantel nur in Spuren vorhanden sein. Die dennoch erhöhte Konzentration siderophiler Elemente im Mantel wird mit hadaischen Impakt-Ereignissen in Verbindung gebracht, die der Erde etwa 1 % ihrer Masse zugeführt haben sollen. Diese Ereignisse werden »Late Veneer« (= letzter Anstrich, Furnier) genannt und haben nach der Bildung des Erdkerns, aber wahrscheinlich vor der Bildung der ersten Kruste, also vor rund 4,54 Milliarden Jahren (etwa 100 bis 160 Millionen Jahre nach der Akkretion der Erde) stattgefunden.

Den direkten Nachweis für die Existenz hadaischer terrestrischer Kruste liefern etwa 4,4 Milliarden Jahre alte Zirkonminerale ($ZrSiO_4$). Modelhafte Überlegungen, basierend auf der Isotopengeochemie von Hafnium und Lutetium, datieren diesen Zeitpunkt auf etwa 4,5 Milliarden Jahre. Bedenkt man die relative kurze Zeit, die ein Magma-Ozean benötigt, um zu kristallisieren, könnte es mehrere derartige Episoden von Magma-Ozeanen gegeben haben. Schmelzexperimente an Mantelmaterial mit primitiver Zusammensetzung legen nahe, dass in seichten Teilen dieser Magma-Ozeane felsische (helle), SiO_2 reiche Schmelzen entstehen konnten, die letztlich die frühe, tonalitische (Plagioklas-reiche) Kruste bildeten. Zirkon ist ein äußerst widerstandsfähiges Mineral, das seine ursprüngliche Isotopensignatur auch bei sehr hohen Temperaturen bewahrt. Zudem kann Zirkon während seiner Kristallisation in einer Schmelze andere Schmelzanteile, wie Minerale und Gesteinsreste, überwachsen und diese vor späteren Veränderungen schützen. Hadaische Zirkone wurden an vielen Stellen der Erde gefunden. Die bislang am besten untersuchten stammen aus der Mt. Narryer und Jack Hill Region im Westen Australiens (Yilgarn Kraton). Dort kommen die Zirkone als detritische Komponenten in etwa drei Milliarden Jahre alten klastischen Sedimenten vor. Etwa 3 % von 1.500 untersuchten Exemplaren dieser Zirkone weisen Einschlüsse auf, die über den Zustand der hadaischen Erde Auskunft geben. Diese Einschlüsse sind, in absteigender Häufigkeit, Quarz, Muskovit (Hellglimmer), Biotit (dunkler Glimmer), Apatit (Kalziumphosphat), Hornblende (Kalzium-Natrium-Eisen-Magnesium-Aluminium Silikat) und akzessorische Minerale. Bemerkenswert ist das Vorkommen eines polymineralischen Gesteinsbruchstücks mit granitischer Zusammensetzung. Untersuchungen an den eingeschlossenen Mineralen und an den Zirkonen selbst lieferten überraschende Ergebnisse. Schon allein das gemeinsame Vorkommen von Muskovit und Quarz, die gemeinsam etwa 75 % der eingeschlossenen Minerale ausmachen, limitiert die Temperatur der Ausgangsschmelze auf 650 bis 800 °C bei Drücken höher als 4 Kilobar. Die Analyse von Sauerstoffisotopen legt nahe, dass das Ausgangsgestein der Schmelze ein Ton-reiches Sediment war, das mit einer niedrig temperierten Hydrosphäre interagierte. Zahlreiche weiterführende Untersuchungen stützen die These, dass die Zirkone in einer wassergesättigten, niedrig temperierten Schmelze (700 °C) bei Drücken zwischen 5 und 12 Kilobar kristallisierten; der Wärmefluss (40 bis 85 mW/m^2) war nicht wesentlich höher als der der heutigen Erde. Die Autoren dieser Studien sprechen von einer »hadaischen Wasserwelt«, in der chemische Verwitterung und sedimentäre Prozesse unter Anwesenheit von flüssigem Wasser stattgefunden hatten. Demnach könnte das Hadaikum relativ kühl und nicht heiß und schon gar nicht »höllisch« gewesen sein, wie es der Name nahelegt. Spekulationen, wie die hadaische Welt ausgesehen haben könnte, gehen so weit, dass die Erde, bis auf wenige Inselberge, vollständig mit Wasser bedeckt war. Der geringe Dichteunterschied zwischen junger Kruste und jungem Mantel verhinderte die Bildung einer akzentuierten Topografie, wodurch kaum Hochzonen entstehen konnten, die über den Meeresspiegel hinausreichten. Der hadaische Mantel war trockener, weil plattentektonische Prozesse noch nicht zu seiner Hydratisierung geführt hatten. Demnach war sämtliches Wasser auf der Oberfläche konzentriert und die Erde fast vollständig überflutet.

Diese günstigen Bedingungen haben ein mögliches Fenster für die Entstehung des Lebens während einer Phase relativer Ruhe zwischen 4,4 und 3,9 Milliarden Jahren geöffnet. Danach änderte sich die Situation dramatisch, denn zu Ende des Hadaikums ereignete sich vor etwa 3,9 bis 3,8 Milliarden Jahren ein kosmisches Drama, das vermutlich durch die gegenseitige Beeinflussung der vier Gasriesen Jupiter, Saturn, Uranus und Neptun ausgelöst wurde: das »späte schwere Bombardement« (= LHB, late heavy bombardment). Die Schäden des Bombardements sieht man eindrucksvoll mit bloßem Auge auf dem Mond, wo die riesigen Einschlagsbecken als dunkle Flecken, als »Mondmeere« (= Maria) in Erscheinung treten. Die großen Krater wie Mare Imbrium, Mare Nectaris, Mare Serenitatis und Mare Crisium bildeten sich zwischen 3,85 und 3,9 Milliarden Jahren – und es gibt keinen Grund anzunehmen, dass die Erde während dieses Bombardements verschont geblieben war. Ausgelöst wurde dieses Ereignis durch die Umorganisation der Planetenbahnen von Jupiter, Saturn, Uranus und Neptun (»Nizza-Modell«), bei der weite Anteile der äußeren Trümmerscheibe in Richtung Zentrum des Sonnensystems geschleudert wurden. Die Folge war ein lange anhaltender Dauerbeschuss der inneren Planeten Merkur, Venus, Erde und Mars durch Asteroiden, deren Durchmesser zwischen einem und 300 km betrugen. Der spärliche Rest der ehemaligen Trümmerscheibe ist der außerhalb der Neptun-Bahn gelegene Kuiper-Gürtel. Geschätzte 2×10^{20} kg an Material wurden der Erde zugeführt, das entspricht etwa 0,015 % der Erdmasse. Stochastische Modelle legen nahe, dass während dieser Periode 100.000 Krater mit bis zu 20 km Durchmesser oder 3.000 Krater mit bis zu 1.000 km Durchmesser entstanden sind. Modellierungen dieses Bombardements legen allerdings nahe, dass sich diese Ereignisse nicht unbedingt dramatisch für die Erde ausgewirkt hatten. Selbst unter extremen Annahmen wären weniger als 25 % der bereits existierenden Kruste wieder aufgeschmolzen. Die Impakt-Schmelzen hätten sich in Senken gebildet und etwa 10 bis 50 % der Kruste wären mit einer Magmenschicht von etwa einem Kilometer bedeckt gewesen. Das im Zuge der Impakt-Ereignisse zerkleinerte Material hatte die Erde mit einer 600 bis 800 Meter dicken Schicht bedeckt.

Die meisten Untersuchungen zu Impakt-Ereignissen verfolgen das Ziel, den Effekt auf eine mögliche Sterilisation der Erde oder Verdampfung der Ozeane abzuschätzen. Demnach wäre ein Projektil mit 500 Kilometer Durchmesser notwendig gewesen um die Ozeane vollständig zu evaporieren. Das wahrscheinlich größte Projektil während dem Late Heavy Bombardement hatte einen Durchmesser von »nur« 300 Kilometer und das Potential, die Temperatur der Ozeane um 100 °C zu erhöhen. In Zusammenhang mit den, oft als katastrophal bezeichneten Impakt-Ereignissen, wurde eine Reihe von Theorien entwickelt, die grundlegende Aspekte der

Erdentwicklung zum Thema haben – keine davon ist frei von Widersprüchen: Welchen Einfluss hatte das Bombardement auf die Entwicklung des Lebens, oder ist Leben gar extraterrestrischer Natur? Wie kam das Wasser auf die Erde oder war es immer schon da? Die ersten Hinweise auf irdisches Leben fallen etwa in den Zeitraum des ausklingenden Late Heavy Bombardements. Es überrascht daher nicht, dass eine Reihe von Autoren die These vertreten, dass das frühe Leben von diesem Ereignis maßgeblich beeinflusst wurde. Isotopenuntersuchungen an 3,8 Milliarden Jahre alten Gesteinen West-Grönlands zeigen eine auffällige Anreicherung des leichten Kohlenstoff-Isotops ^{12}C gegen über dem Isotop ^{13}C. Dies wird mit biogener Aktivität in Verbindung gebracht, da Organismen bevorzugt das leichte ^{12}C in ihre Biomasse einbauen. Das extraterrestrische Bombardement hätte entstehendes Leben auf der Erdoberfläche wahrscheinlich vernichtet. Organismen, die an hydrothermale Bedingungen (Wechselwirkungen heißer Fluide mit Gestein) in der Kruste und in den tiefen Anteilen der überlagernden Wassersäule angepasst waren, hätten allerdings überleben können. Eine Gruppe von Wissenschaftlern argumentiert, dass sich die Lebensbedingungen dieser Organismen durch Impakt-Ereignisse sogar verbessert hätten, da das Bombardement die Bildung hydrothermaler Zirkulationssysteme förderte. Eine andere Gruppe verlegt, wie im nächsten Kapitel beschrieben, die Entstehung des Lebens auf Gebiete außerhalb der Erde und begründet dies mit der Entdeckung von organischen Verbindungen in kohligen Chondriten (Meteoriten).

Neben vielen anderen Variablen ist die Anwesenheit von flüssigem Wasser eine Bedingung dafür, dass sich Leben, wie wir es kennen, auf einem Planeten entfaltet kann. Die Suche nach flüssigem Wasser auf terrestrischen Planeten unseres Sonnensystems und Exoplaneten (Planeten außerhalb unseres Sonnensystems) ist daher eng mit der Suche nach möglichem extraterrestrischem Leben verknüpft. In gleichem Maße ist es wichtig zu wissen, ab wann es eine kritische

Menge an Wasser auf der Erde gegeben hat. Die Wassermasse der heutigen Ozeane ($\sim 1,4 \times 10^{21}$ kg) macht nur etwa 0,02 % der Erdmasse aus, die Anwesenheit von flüssigem Wasser unterscheidet die Erde aber von allen anderen Planeten im inneren Sonnensystem. Etwa dieselbe Menge an Wasser ist in nominell wasserfreien Mineralen des Mantels, wie Olivin, gespeichert. Man spricht von »one ocean inside and one ocean outside«. Da der Hydratisierungsprozess des Mantels, der quantitativ Wasser dem Gesamtreservoir entzog, erst im Zuge der modernen Subduktionsprozesse in Gang gesetzt wurde, war die an der Erdoberfläche zu Verfügung stehende Wassermenge während des Hadaikums und Archaikums etwa doppelt so groß wie heute. Seit wann freies Wasser auf der Erde existiert, steht allerding zur Diskussion. Vertreter der These, dass Wasser außerirdischen Ursprungs ist, argumentieren mit der »trockenen Akkretion« der Erde. Demnach waren Wasserstoff und Sauerstoff in der protoplanetaren Scheibe wohl vorhanden, starke elektromagnetische Sonnenwinde hatten diese flüchtigen Elemente allerdings aus dem Bereich der zukünftigen Erde entfernt. Sie kondensierten in den äußeren, kälteren Regionen des Sonnensystems, jenseits der sogenannten »Snow Line« oder »Frost Line« (drei bis fünf astronomische Einheiten von der Sonne entfernt). Die Erde war demnach zu Beginn zu heiß und zu trocken. Das Wasser wurde ihr nach diesen Vorstellungen durch spätere Impakt-Ereignisse zugeführt. Als Lieferanten kommen wasserführende Asteroiden und Kometen in Frage. Argumente für eine mögliche Quelle des Wassers liefert die Wasserstoff-Isotopensignatur, nämlich das Verhältnis von Deuterium (D) zu Protium (H) (^{2}H/^{1}H). Im Zuge der Rosetta-Mission führte im Jahr 2014 eine Sonde (Philae) Isotopenuntersuchungen auf dem Kometen 67P/Tschurjumov-Gerassimenlo durch und bestätigte die geringe Wahrscheinlichkeit, dass Kometen als Wasserlieferanten in Frage kämen. Das D/H-Verhältnisse der bisher untersuchten Kometen unterscheidet sich deutlich von der des irdischen Wassers. Chondriten (Asteroiden) haben allerdings eine sehr ähnliche Isotopensignatur und werden als Quelle favorisiert. Grundannahme all dieser Überlegungen ist, dass sich die Isotopensignatur des irdischen Wasserstoffs seit den letzten 4,5 Milliarden Jahren nicht geändert hat. Vertreter der »nassen Akkretion« der Erde argumentieren, dass Wasser ein Teil der protoplanetaren Scheibe war und während der Akkretion der Erde, selbst unter sehr hohen Temperaturen, ein Teil der Erde blieb. Sie begründen dies mit der Anwesenheit von Wasser rund um junge Sterne, mit numerischen Modellen und Experimenten. Demnach kann Wasser bei Drücken und Temperaturen, wie sie bei der Akkretion der Erde zu erwarten sind, dissoziativ an Staubpartikeln adsorbieren und einen OH-Film bilden. Diese Staubpartikel bauen letztlich den Erdmantel auf. Im Zuge der Entstehung des Magma-Ozeans verlor der Mantel diese flüchtigen Elemente (»outgassing of Earth's mantle«) und es bildete sich die frühe Dampf-Atmosphäre, aus der schließlich die Ozeane kondensierten.

Unabhängig davon, welcher der beiden Thesen man den Vorzug gibt, der nassen oder der trockenen Akkretion, Wasser war jedenfalls ein integrativer Bestandteil der hadaischen Erde. Das Hadaikum war wahrscheinlich eine relativ ruhige Epoche in der Entwicklung der Erde, die allerdings von punktuellen massiven Impakt-Ereignissen, verbunden mit extremen mechanischen und thermischen Schocks, unterbrochen wurde.

Entstehung des Lebens in einer unwirtlichen Umgebung

Einer der fundamentalsten Fragen in den Naturwissenschaften ist, unter welchen Bedingungen es zur Entstehung selbstorganisierender chemischer Systeme kam, die sich im Lauf der Zeit weiterentwickeln konnten: Dem Leben. Jedes Lebewesen das wir kennen, benötigt zumindest sechs chemische Grundzutaten: Kohlenstoff (C), Wasserstoff (H), Sauerstoff (O), Stickstoff (N), Schwefel (S) und Phosphor (P). Dem Kohlenstoff kommt gemeinsam mit dem Wasser (Medium für chemische Reaktionen, Transportmittel für Nährstoffe, Abfallstoffe, Botenstoffe, Wärme) die größte Bedeutung zu, denn die irdischen Organismen verfolgten für ihren Biomasseaufbau einen ausgesprochenen Kohlenstoffchauvinismus (»carbon chauvinism«)! Kohlenstoff ist mit etwas weniger als ein Prozent am Erdaufbau beteiligt, aber es ist ein außerordentlich kontaktfreudiges Element (derzeit sind mehrere Millionen Kohlenstoffverbindungen bekannt). Es besitzt die Fähigkeit, mit sich selbst sowie mit anderen Nichtmetallatomen Mehrfachbindungen einzugehen, sich zu langkettigen und ringförmigen Verbindungen sowie unterschiedlichen räumlichen Anordnungen (tetraedrisch) zusammenzuschließen. Die Eigenschaft, unter Zuhilfenahme von Wasserstoffatomen, die als »Brücken« zwischen den Kohlenstoffketten fungieren, extrem lange Riesenmoleküle zu bilden, macht dieses Element zum Basiselement für das Leben. Denn solche Makromoleküle sind geeignet, die gewaltigen Mengen an Informationen über die Baupläne der Organismen zu speichern. Andererseits können Kohlenstoffverbindungen auch verhältnismäßig leicht wieder gelöst (z. B. unter dem Einfluss bestimmter Enzyme) und von einem stabilen in einen anderen stabilen Zustand überführt werden. Diese Eigenschaft ist beispielsweise für die Zellteilung wichtig.

Auf die kleinste strukturelle Einheit fokussiert, die Zelle, stellt das Leben ein abgegrenztes, eigenständiges und selbsterhaltendes System dar, das in der Lage ist, Nährstoffe aufzunehmen und den eigenen Energiebedarf durch Stoffwechselvorgänge nutzbar zu machen (Metabolismus). Die Funktionalität, also der »Selbsterhalt« solch eines Systems, ist eine Sache, eine andere ist die Fähigkeit sich zu teilen und damit sich zu vermehren. Die Zelle enthält alle Informationen, die die Funktionen bzw. Aktivitäten (z. B. Stoff- und Energiewechsel, Fortpflanzung, Reizreaktion, Bewegung, etc.) steuern. Dieses »Wissen« wird den Tochterindividuen weitergegeben (Reproduktion). Verwunderlich ist die interne Kohärenz, die bereits die »Urzelle« besessen und weitergegeben haben muss. Sie wirft die (ingenieurwissenschaftlich formulierte) Frage auf, woher eigentlich die chemischen Werkzeuge stammten, die nicht nur die molekularen Bauteile der ersten Zelle, sondern auch sich selbst erst nach seiner Bauanleitung herstellen mussten, die ebenfalls Teil dieser Zelle ist: Leben beruht sowohl auf Proteinen (aus Aminosäuren aufgebaute biologische Makromoleküle), die als Katalysatoren für die RNA-Replikation (= Vervielfältigung des Erbinformationsträgers) benötigt werden, als auch auf der RNA selbst, die die Protein-Synthese aus Aminosäuren (= Bausteine der Proteine) steuert. Heutige Zellen speichern ihre genetische Information in der DNA (Desoxyribonukleinsäure bzw. -acid). Da jedoch auf der einen Seite Enzyme (= Proteine, die biochemische Reaktionen katalysieren können) notwendig sind, um DNA herzustellen, andererseits die Information, wie diese Enzyme aufgebaut werden aber in der DNA gespeichert ist, wird die Frage, welche der beiden Molekültypen zuerst entstanden ist, zum klassischen »Henne-Ei-Paradoxon«.

Seit einiger Zeit wird die »RNA-Welt-Theorie« für die Entstehung des Lebens von vielen Wissenschaftlern favorisiert. Nach dieser Vorstellung ging das Leben von Ribonukleinsäuren aus, die in der Zelle genetische Informationen übertragen und biochemische Reaktionen katalysieren konnten.

Damit wird die Frage, was zuerst kam, die Enzyme oder die DNA, elegant umschifft, denn nach dieser Theorie wäre die Antwort: Weder Enzyme noch DNA, sondern eine alternative chemische Verbindung, nämlich die RNA.

Die RNA ist der DNA sehr ähnlich. Sie besitzt nahezu die gleichen vier Bausteine (= Nukleinbasen Adenin, Cytosin, Guanin – allerdings Uracil statt Thymin), die in einer bestimmten Abfolge an einem einsträngigen Zuckerphosphat-Rückgrat angeordnet sind. Im Unterschied zur doppelsträngigen DNA weist das RNA-Zuckermolekül Ribose ($C_5H_{10}O_5$) ein zusätzliches Sauerstoffatom gegenüber der Desoxyribose ($C_5H_{10}O_4$) auf.

Diese kleinen chemischen Unterschiede zeigen aber Wirkung: RNA ist chemisch viel aktiver als DNA und kann nicht nur wie die DNA genetische Informationen speichern, sondern zudem auch wie die Enzyme chemische Reaktionen katalysieren. RNA kann also sowohl die Aufgaben der Enzyme als auch der DNA lösen. Dieser Tatbestand lässt vermuten, dass die RNA »ursprünglicher« als die DNA ist und vielleicht das erste biologisch aktive Molekül war.

Aber wie konnte vor Milliarden Jahren die RNA eine Kopie von sich selbst herstellen, um die genetische Information weiterzugeben?

Versuche ergaben, dass die Ablesereaktion in einer »enzymfreien« Umwelt bald zum Erliegen kommt, selbst wenn in einer Lösung genügend angereicherte RNA-Bausteine frei schwimmend vorkommen. Denn die einzelnen Bausteine zerfallen langsam und die Zersetzungsprodukte blockieren zunehmend die Ablesereaktion. Entscheidende Impulse brachten Versuche an bestimmten Mineraloberflächen, wobei es gelang, an Tonmineralien langkettige und vernetzte RNA-Moleküle herzustellen. Der Beginn der biochemischen Evolution könnte also in der spontanen Entstehung eines katalytisch aktiven RNA-Moleküls, eines sogenannten Ribozyms, gelegen haben, das selbstreplizierend und informationsspeichernd war. Das wäre also ein wesentlicher Schritt im Übergangsfeld von einer chemischen in eine belebte Evolution, somit ein möglicher Ursprung des Lebens.

Nun, was kann man sich unter »chemischer Evolution« vorstellen, und wie kann es zur ersten Zelle gekommen sein? Bereits vor dem Zweiten Weltkrieg nahm man an, dass die Entstehung des Lebens eng mit den physikalisch-chemischen Umweltbedingungen der frühen Erde gekoppelt gewesen sein musste, wobei für eine präbiotische Evolution Wasserstoff (H_2), Wasser (H_2O), Methan (CH_4) und Ammoniak (NH_3) als Ausgangsstoffe postuliert wurden. In weiterer Folge führte Stanley Miller (1930–2007), damals Doktorand der University of Chicago, im Jahr 1953 einen der bekanntesten Versuche in der Wissenschaftsgeschichte durch. In einer Versuchsanordnung ahmte er in einer Versuchsapparatur den Zustand der frühen Erde im Labor nach und ließ für mehrere Tage elektrische Funkenentladungen auf ein Gemisch aus Wasser, Methan, Ammoniak, Wasserstoff und Kohlenstoffmonoxid einwirken. Aus den Edukten (Ausgangsstoffe einer hypothetischen frühen Erdatmosphäre und der Hydrosphäre) entwickelten sich unter Wärmezufuhr und der Einwirkung elektrischer Entladungen (Gewitterblitze) verschiedene organische Verbindungen, darunter auch Aminosäuren. Damit gelang der erste Nachweis, dass grundlegende biologische Lebensbausteine unter abiotischen natürlichen Umgebungsbedingungen erzeugt werden und sich in einer »Ursuppe« anreichern können. Wiederholte Versuche erbrachten neben Blausäure (HCN) und Aldehyden (= »dehydrierte Alkohole« mit funktioneller – CHO-Gruppe), auch weitere Aminosäuren und deren Bausteine, sowie Adenin und Guanin.

Gelingt also der Nachweis, dass auf einer aus unserer heutigen Sicht sehr unwirtlichen Ur-Erde chemische Bausteine für das Leben entstehen und sich anreichern konnten (denn mangels an noch nicht vorhandenen Lebewesen wurden diese nicht umgehend als Nahrung genutzt), so bleibt noch immer die Frage nach der Bildung der »Urzelle« offen.

Die »Ursuppe« als Entstehungsort der ersten Zelle heran-
zuziehen mag verlocken, und die Vorstellung, dass sich eine
funktionale Einheit gegen die Umwelt abgrenzt plausibel erscheinen. So könnte der zufällige Einschluss in eine winzige
Fett- oder Ölblase (= Liposom, Vesikel) den gewünschten
Schutz sowie eine entsprechende Form der Einheit gegeben
haben. Schließlich werden auch heutige Zellen von einer
Zellmembran umschlossen, die aus einer Lipiddoppelschicht
(»wasserunlösliches Fett«) besteht.

Vergleicht man heutige Organismen, so zeigt sich, dass die
Energiegewinnung bzw. -umwandlung – egal ob es sich um
Tiere, Pflanzen oder Mikroorganismen handelt – nach einem
universellen Muster abläuft: Zellen gewinnen Energie durch
Ionengradienten (pH-Gradienten) an ihren Membranen
(bzw. an Membranen ihrer Zellorganellen, den Mitochondri-
en und Chloroplasten). Somit kommt aber der Zellmembran
nicht die ausschließlich »schützende« Funktion zu, wie zuvor angedacht, sondern vielmehr eine für den Materie- und
Energiebedarf (Stoffwechsel) absolut notwendige. Die im
Konzentrationsgefälle zwischen zwei Stoffwechselräumen
(Kompartimenten) auftretende Energie kann man stark vereinfacht mit einem Speicherkraftwerk vergleichen: Um Strom
zu erzeugen, lässt man aus dem höher gelegenen Speicherbe-
cken Wasser ab und führt es einer tiefergelegenen Turbine
zu, die ihrerseits die im Wasser gespeicherte potenzielle
Energie in elektrische Energie umwandelt.

Der Bildung von Biomembranen muss also in der Entstehung des Lebens eine zentrale Bedeutung zugemessen werden. Begibt man sich auf die Suche nach geeigneten Entste-
hungsorten für solche Membranstrukturen, dann scheidet
vorderhand die »Ursuppe« als Ausgangspunkt aus, denn in
dieser hätte ja ein thermodynamisches Gleichgewicht bestanden. Biomembrane mussten vielmehr an Grenzflächen
entstanden sein, an denen Milieuänderungen durch Energie-
und Konzentrationsunterschiede (z. B. Temperatur, pH-Wert,
Redoxpotential) zum Tragen kamen.

Als großer Favorit für so einen Bildungsort erweisen sich die hydrothermalen Quellaustritte in der Tiefsee, die seit Ende der 1970er Jahre entdeckt und seitdem erforscht werden. Diese Quellaustritte befinden sich im vulkanisch wie tektonisch äußerst aktiven Umfeld mittelozeanischer Rücken, wo sie eine Begleiterscheinung der Ozeanbodenspreizung (»seafloor spreading«) sind. Die hochgelegenen Magmakammern, aus denen beständig ozeanisches Krustenmaterial (Basalt) gefördert wird, erhitzen das umgebende Gestein sehr stark. Dringt kaltes Meerwasser in das poröse Gestein am Meeresboden ein, wird es daher nach wenigen Metern Tiefe vom heißen Basalt stark erhitzt und laugt diesen regelrecht aus. Das austretende, bis 400 °C heiße Wasser ist daher an gelösten Stoffen (Schwefelwasserstoff, Eisensulfid, diverse Buntmetalle, etc.) stark überfrachtet. Kurz nach dem Quellaustritt werden die mineralreichen Wässer durch die eisige Umgebung am Meeresgrund rasch abgekühlt und Mineralien zur Ausfällung gebracht, die als »Rauchfahne« sichtbar werden. Wegen der charakteristischen Färbung werden sie als »Schwarze Raucher« (black smoker) bezeichnet.

Zu diesen submarinen Quellen, die meist sehr schwefelsauer sind (pH-Werte häufig unter 1), wurden seit einigen Jahren auch Quellen bekannt, die dominant Wasserstoff und Methan fördern. Diese Hydrothermalfelder kommen am Mittelatlantischen Rücken (»Lost City«) sowie im Marianen-Vorbogen vor und zeichnen sich durch extrem hohe Alkalinität (pH-Werte bis über 12) aus.

Trotz der extremen ökologischen Bedingungen findet man in den basischen Quellfeldern reichhaltiges Leben an Mikroorganismen, die gelösten Schwefelwasserstoff oxidieren und so chemische Energie gewinnen, um ihre Kohlenhydrate aufzubauen (Chemosynthese). Und genauso sind in den sauren Quellfeldern Wasserstoff- und Methanbakterien, aber auch weitere Mikroben aktiv, die endosymbiotische Beziehungen mit Weichtieren eingehen können und für reichhaltiges Leben in 3.000 m Meerestiefe bei absoluter Dunkelheit sorgen.

Aber kehren wir nochmals zum »lithotrophen« Leben zurück, das sich die Umwandlung von geochemischer Energie in Biomasse zu Nutze macht. Wie kann es entstanden sein, und waren die submarinen Hydrothermallandschaften ihre Entstehungsorte?

An den Austrittstellen der Quellen bilden aus den mineralisierten Wässern sich absetzende Mineralstoffe schornsteinartige Kegel aus, die mehrere Meter in die Höhe wachsen können. Dabei ist der feinstrukturierte Aufbau der Schlotwände von großer Bedeutung, denn diese haben mikroskopisch kleine Kammern und ähneln den Zellen von Lebewesen. In den Kammern könnten sich »Quasi-Zellen« gebildet haben, in denen sich kompliziertere organische Moleküle anreichern konnten und ihre »RNA-Welt« bildeten. Ebenso könnten an den katalytisch wirksamen Oberflächen erste Stoffwechselvorgänge abgelaufen sein, weil die Grenzflächen der Kammern als semipermeable (= teilweise durchlässig; von lateinisch *semi* = halb, teilweise und *permeo* = durchgehen, passieren) Schicht wirkten und so verschiedenste Energie- und Konzentrationsgradienten genutzt werden konnten. Der »Urstoffwechsel« müsste wohl von einfachen Verbindungen wie Kohlenstoffmonoxid (CO), Kohlenstoffdioxid (CO_2), Ammoniak (NH_3), Wasserstoff (H_2), Schwefelwasserstoff (H_2S) und Cyanwasserstoff (HCN) ausgegangen sein.

Tatsächlich wird in den Schloten der Lost City von einigen Archaeen (= »Urbakterien«) der im thermalen Quellwasser vorhandene freie Wasserstoff dazu verwendet, um mit dem Kohlenstoffdioxid aus dem Meerwasser organische Moleküle zu bilden und Energie freizusetzen. Damit der Stoffwechsel gelingt, ist allerdings ein spezielles Protein als Katalysator notwendig. Geht man davon aus, dass dieses komplexe biologische Makromolekül während der Entstehung der Urzelle nicht bestanden hat, so könnten ursprünglich das Eisen- und Nickelsulfid der Kammerwände in den Schloten die Katalysatorfunktion übernommen haben.

Stimmt das skizzierte Szenario, wäre der Protobiont die erste Lebensform auf der Erde gewesen, die noch an die Kammerstruktur eines hydrothermalen Schlotes gebunden war. Er war zunächst noch von keiner Membran umschlossen, konnte sich aber während des Emporwachsens des Schlotes vermehren. Jedenfalls muss sich aus dieser, oder einer ähnlichen ersten Lebensform, die Stammform des irdischen Lebens entwickelt haben. Sie wird in der Fachwelt meist LUCA genannt (= last universal common ancestor; »letzter allgemeiner gemeinsamer Vorfahre aller lebenden Organismen«), und hatte bereits alle jene Komponenten besessen, die auch den heutigen Zellen gemeinsam ist. Denn alle uns bekannten Organismen weisen eine ähnliche interne Biochemie auf, alle benutzen in Grundzügen denselben genetischen Code, haben Proteine, die aus 20 durch DNA codierte Aminosäuren aufgebaut sind. Von diesem gemeinsamen Vorfahren ausgehend erklärt sich die heutige Vorstellung eines phylogenetischen (= stammesgeschichtlichen) Abstammungsbaums, der drei Hauptzweige aufweist, die Domänen Archaea (Archaebakterien, »Urbakterien«), Bacteria (Eubacteria) und Eukarya (Eukaryoten).

Mit der Entwicklung und Diversifizierung der Nachkommen von LUCA setzt erst die klassische Darwin'sche Evolution ein. Die Anfänge des Lebens jedoch liegen außerhalb der biologischen Evolution und sind im Bereich der Chemie auf einer frühen Erde angesiedelt, die geprägt war durch starken Vulkanismus, intensive Ausgasung des Erdmantels, starke hydrothermale Aktivitäten, heftigen Meteoritenhagel, ungebremste kosmische Strahlung und zahlreiche weitere »lebensfeindliche« chemisch-physikalische Zustandsgrößen. Aber wann war das Zeitfenster des Auftritts des Lebens?

Berechnungen mittels »molekularer Uhren« (= Abschätzung der Evolutionsdauer aus Unterschieden in der DNA-Sequenz) weisen auf eine gemeinsame Urzelle weit vor 3,8 Milliarden Jahre hin. An ein Alter um 3,7 Milliarden Jahre kommen geochemische Hinweise auf Leben heran, die aus metamorphen Gesteinen des westgrönländischen »Isua Supracrustal Belt« stammen. Die Kohlenstoffsignaturen von Graphit in diesen Gesteinen weisen geringere Anteile des stabilen Kohlenstoffisotops ^{13}C gegenüber dem leichteren Isotop ^{12}C auf und gelten als Indizien für Stoffwechselprozesse. Denn Organismen bedienen sich weitaus lieber des leichten Isotops für den Aufbau der Biomasse. Die ältesten körperlich erhaltenen Fossilien, mit einem Alter von etwa 3,4 Milliarden Jahren, stammen aus dem Strelley Pool Westaustraliens. Hier fand man in Quarziten zu Clustern gruppierte, gut erhaltene Schwefelbakterien gemeinsam mit Pyritkörnern, die die Stoffwechselprodukte der Bakterien darstellen. Auf mikrobielle Tätigkeit zurückzuführende Sedimentstrukturen der Dresser-Formation (Pilbara Kraton, Westaustralien), sogenannte MISS (= microbially induced sedimentary structures), deren Erzeuger aber nicht als Körperfossilien überliefert sind, weisen auf ein etwas älteres Datum von etwa 3,48 Milliarden Jahren.

Auf der Erde sind kaum Gesteine bekannt, die älter als 3,8 Milliarden Jahre sind. Das liegt zum einen an den charakteristischen dynamischen Prozessabläufen wie Verwitterung, Erosion, Gesteinsmetamorphose und Subduktion, die ältere Gesteine auf der Erde schlichtweg nicht »überleben« ließen. Zum anderen findet sich auch eine Erklärung im bereits genannten großen Asteroidenhagel (= »late heavy bombardment«), der auf die inneren Planeten Merkur, Venus, Erde und Mars vor etwa 3,9 Milliarden Jahren niederging. Schätzungen belaufen sich auf 22.000 Impakte, deren Krater größer als 20 km waren, die die Erde zu dieser Zeit erhalten hatte. 40 Impakt-Becken dürften einen größeren Durchmesser als 1.000 km, manche sogar über 5.000 km erreicht haben. Damit waren die Umweltbedingungen auf der Erde nicht gerade sehr lebensfreundlich.

Ein alternatives Modell wie die Erde zu Leben kam, verfolgt die »Panspermie-Hypothese«. Sie erklärt bewusst nicht die Entstehung des Lebens selbst, die sie auf andere Orte und

Zeiten im Universum verlagert, von wo aus sich dieses ausgebreitet und schließlich auf die Erde gelangt sein soll. Der Vorteil der Hypothese liegt im zumindest potentiell wesentlich größeren Zeitrahmen für die Entstehung des Lebens und »erleichtert« gedankenexperimentell die Vorstellung, wie das Leben das zuvor beschriebene heftige kosmische Bombardement überstanden haben kann.

Bleibt die Panspermie-Hypothese weitgehend spekulativ, so könnten Meteoriten für die Entstehung des Lebens durchaus von Bedeutung gewesen sein. Der im Jahr 2012 in der Sierra Nevada niedergegangene Sutter's-Mill-Meteorit lieferte nach sechstägiger hydrothermaler Behandlung bei 300 °C aromatische Verbindungen sowie komplexe, polyether- und esterhaltige Alkylmoleküle, die an Vorstufen der Chemie des Lebens erinnern. Generell enthalten kohlige Chondriten, zu denen der Sutter's-Mill-Meteorit zählt, hohe Anteile an Kohlenstoff, bzw. organischen Verbindungen, darunter auch Aminosäuren. Aber auch die eisenhaltigen Meteoriten könnten für den Beginn des Lebens wichtig gewesen sein. Sie weisen unterschiedliche Konzentrationen Phosphor-haltiger Minerale auf. Phosphor ist in Bezug auf seine Masse nach Kohlenstoff, Wasserstoff, Sauerstoff und Stickstoff das fünftwichtigste Element für Organismen, denn es bildet nicht nur das Grundgerüst der RNA und DNA, sondern ist für den Energie- und Stoffwechsel (im Adenosintriphosphat, ATP) unverzichtbar. In der Natur ist Phosphor aber Mangelware: Auf 49 Millionen Wasserstoffatome in den Ozeanen kommt nur ein einziges Phosphoratom. Damit steigert sich die Attraktivität des extraterrestrischen Eintrages. Eisenmeteoriten enthalten häufig das Phosphor-Mineral Schreibersit, ein Eisen-Nickel-Phosphid, das in entionisiertem Wasser biochemisch aktive Formen des Phosphats, ähnlich dem ATP bildet. Prozesse, die im Rahmen der chemischen Evolution auf der jungen Erde abgelaufen sind und zur Entstehung des Lebens geführt haben, können also durchaus vom Eintrag kosmischen Materials profitiert haben.

Der vom Mars stammende Allan-Hills-84001-Meteorit (kurz ALH 84001) sorgte in der zweiten Hälfte der 1990er Jahre für Aufregung, nachdem er mikroskopisch kleine, stäbchenförmige Strukturen aufwies, die als fossile Mikroben gedeutet wurden. Folgende Geschichte wurde mittels radiometrischer Daten rekonstruiert: Das Marsgestein wurde vor ca. 4,1 Milliarden Jahren gebildet und vermutlich durch Einschlag eines Asteroiden vor etwa 15 Millionen Jahren von der Marsoberfläche weggeschleudert und verweilte danach im Orbit, ehe es vor etwa 13.000 Jahren auf der Erde landete.

Die Diskussion, ob die Strukturen tatsächlich biogen sind und somit Hinweise auf fossile außerirdische Lebewesen darstellen, wurde kontrovers geführt. Heute ist die Euphorie um Indizien von Lebensspuren im »ALH 84001« deutlich abgekühlt. Doch gab die Evidenz dieses berühmten Meteoriten und seiner über 100 »Kollegen«, die gesichert ebenfalls vom Mars stammen, den Überlegungen einer »Lithopanspermie« neue Nahrung. Nach Modellrechnungen ist es durchaus möglich, dass seit der Entstehung des Sonnensystems etliche genügend große Brocken von Mars und Erde den jeweils anderen Planeten, ja sogar einige die Monde von Saturn und Jupiter erreichen und »befruchten« hätten können.

WACHSTUM DER KONTINENTE UND SUPERKONTINENT-ZYKLEN

Mit der Bildung voluminöser kontinentaler Landmassen ab dem Archaikum änderten sich die Stoffkreisläufe in allen Sphären der Erde. Kontinente, die über den Meeresspiegel ragen, sind nicht nur für die geologische Entwicklung der Erde von Bedeutung, sie spielen auch eine entscheidende Rolle für die Schaffung von lebensfreundlichen Bedingungen. Neben Kohlenstoff (C), Wasserstoff (H), Sauerstoff (O) und Stickstoff (N), sind Schwefel (S), Kalium (K) und Phosphor (P) unverzichtbare Nährstoffe für die Entfaltung des Lebens. Geringe Mengen an Molybdän (Mo) sind für die Synthese von Proteinen notwendig, erhöhte Mengen Uran (U) und Thorium (Th) haben wahrscheinlich einen Einfluss auf die Mutationsraten der Gene. Die allermeisten dieser Elemente (K, P, Mo, U, Th) sind in der kontinentalen Kruste konzentriert, sie sind sogenannte »lithophile Elemente«. Sie standen als Nährstoffe für das Leben erst zur Verfügung, als sich freiliegende, kontinentale Kruste gebildet hatte und Verwitterungsprozesse diese Stoffe in die Ozeane transportieren konnten. Als Lieferanten für zellaufbauende Stoffe kommen vor allem granitische Gesteine, und, mengenmäßig unbedeutend, Karbonatite (Kalzium- und CO_2-reiches magmatisches Gestein) in Frage. Wir haben keine direkte Information über die Zusammensetzung der frühen hadaischen Kruste. Die Existenz ausgedehnter granitischer Landmassen, die über den Meeresspiegel ragten, ist aber äußerst unwahrscheinlich. Die hadaische Kruste bestand wahrscheinlich, wie der heutige Mond, aus einer bis zu 70 Kilometer dicken Schicht aus Anorthosit (magmatisches Gestein mit Ca-reichem Plagioklas als Hauptkomponente) und Basalt mit spezieller Zusammensetzung. Die Basalte, sogenannte KREEP-Basalte, ein Akronym für Kalium, Seltene Erden (»Rare-

Earth-Elements«) und Phosphor, kämen als Lieferanten für den Aufbau von Biomasse während des Hadaikums in Frage. Erst im Archaikum hatten sich auf der Erde »embryonale« Kontinente mit granitischer Zusammensetzung gebildet, von denen signifikante Mengen an verwittertem Material und Nährstoffe in die Ozeane gelangen konnten. Gebirgsbildende, Topografie-schaffende Prozesse förderten somit offensichtlich die Entfaltung des Lebens. Ein Bespiel aus jüngerer Zeit ist die spät-neoproterozoische, etwa 650 bis 550 Millionen Jahre alte Panafrikanische Orogenese, die auf den heutigen Südkontinenten (Afrika, Indien, Antarktis, Australien) ein mehrere Tausend Kilometer langes Gebirge schuf. Die Bildung dieses »Transgondwanan Supermountain« wird mit der »explosionsartigen« Verbreitung des Lebens am Ende des Präkambriums in Verbindung gebracht.

Die Bildung von Kontinenten und der Eintrag von terrestrischem Material in die Ozeane veränderte nachhaltig die Zusammensetzung der Atmosphäre und Hydrosphäre, aber auch das Klima auf der Erde. Das aus dem Mantel in die Atmosphäre entweichende CO_2 konnte durch Regen aus der Atmosphäre ausgewaschen werden und mit dem Kalziumsilikat der freiliegenden Kontinente, zum Beispiel mit Wollastonit ($CaSiO_3$), reagieren. Die dabei entstandenen Kalzium- und Bikarbonat-Ionen (Ca^{2+} und $2HCO_{3-}$) sowie Kieselsäure (H_4SiO_4) gelangten ins Meer, wo sich als Ausfällungsprodukte Kalk ($CaCO_3$) und Quarz (SiO_2) bildeten. Es ist sicher kein Zufall, dass sich die ersten, Karbonat-produzierenden Biofilme im Archaikum gebildet hatten. Damit wurde das CO_2 über lange Zeiträume in den Gesteinen gebunden und der Atmosphäre entzogen. Die globale Abnahme von atmosphärischem CO_2 milderte den Treibhauseffekt und führte in weiterer Folge zur Reduktion der Temperatur auf der Erdoberfläche. Mit der Existenz der Kontinente kam es erstmalig, in Abhängigkeit von der Konfiguration der Kontinente und der Menge an CO_2 aus der Mantelentgasung, zu periodischen Vereisungen auf der Erde. In Kaltzeiten wird die Reduktion von atmosphärischem CO_2 gebremst, da durch großflächige Eisschilde weniger kontinentales Material der Verwitterung zur Verfügung steht und geringere Regenmengen den Abtransport von CO_2 aus der Atmosphäre limitieren – es kommt wieder zu globaler Erwärmung. Klimaschwankungen sind auf komplexe Wechselwirkungen vieler Variablen zurückzuführen. Das genannte Beispiel eines globalen, selbstgesteuerten Systems ist sicherlich grob vereinfacht, zeigt aber wie globale tektonische Prozesse, wie die Bildung von Kontinenten und atmosphärische Prozesse ineinandergreifen.

Die Zuwachsrate an Kruste über die Jahrmilliarden ergibt sich aus dem Verhältnis von Krustenneubildung und Rückführung bereits gebildeter Kruste in den Mantel. Etwa 3,2 km^3 an kontinentaler Kruste werden pro Jahr gebildet, vorwiegend an Inselbögen und kontinentalen magmatischen Bögen. Etwa 3,3 km^3 pro Jahr werden, mehrheitlich durch Subduktion von Sedimenten und Subduktionserosion wieder in den Mantel recycelt. Die Bilanz ist also auf der heutigen Erde leicht negativ. Für die vergangenen 4,5 Milliarden Jahre ist diese Rate nur über indirekte Methoden abschätzbar, da die Verteilung unterschiedlich alter Gesteine auf den Kontinenten nichts über die Rückführungsrate aussagt und somit nur einen Minimalwert für den Zuwachs an kontinentaler Kruste angibt. Die Abschätzungen der Zuwachsraten schwanken naturgemäß, je nachdem, welcher theoretische Ansatz und welche Art von Daten für die Berechnung herangezogen werden. Die meisten Autoren sehen das Archaikum, das eine Zeitspanne von 1,5 Milliarden Jahren umfasst, als Hauptphase des Krustenzuwachses an. In diesem Zeitabschnitt wuchs die kontinentale Kruste auf etwa 60 bis 70 % ihres heutigen Volumens an. Danach verlangsamte sich die Krustenzuwachsrate gegen Ende des Archaikums und für die folgenden 2,5 Milliarden Jahre wurden nur mehr 30 bis 40 % der heute noch existierenden Kruste neu gebildet. Dies wirft folgende Fragen auf: Wie wachsen die Kontinente? Wie ist die Datengrundlage beschaffen, die letztlich zur Abschätzung der Wachstumsraten führt? Gab es grundlegende Änderungen (»secular changes«) in den dynamischen Prozessen der Erde, wie es die Verlangsamung der Krustenbildungsrate vor 2,5 Milliarden Jahren nahelegt?

Die Bildung felsischer (heller) kontinentaler Kruste mit, im weitesten Sinn, granitischer Zusammensetzung, ist ein Prozess, der sich nur schwer durch direkte Stofftrennung (Fraktionierung) aus einer Mantelschmelze erklären lässt. An heutigen mittelozeanischen Rücken, unter denen Mantelmaterial aufgeschmolzen wird und sich basaltische Kruste bildet, findet man nur einen verschwindend geringen Anteil an hellen, Plagioklas-reichen Magmatiten, sogenannten »Plagiograniten«. Zur Bildung voluminöser felsischer Kruste bedarf es eines zweiphasigen Fraktionierungsprozesses und der Anwesenheit von Wasser. Zuerst bildet sich aus einer Mantelschmelze die basaltische Kruste, und erst wenn diese subduziert wird, kann felsische Kruste entstehen. Derartige Prozesse finden heute über Subduktionszonen aktiver Kontinentalränder, in Inselbögen oder an kontinentalen magmatischen Bögen statt und dürften in ähnlicher Weise bereits im Archaikum abgelaufen sein.

Zu den ältesten erhaltenen Gesteinen der Erde zählen, um nur einige zu nennen, die Archaischen Acasta Gneise Kanadas (4 bis 3,6 Milliarden Jahre), der Itsaq Gneis Komplex Grönlands (3,9 bis 3 Milliarden Jahre), Gesteine des Pilbara Kraton Australiens (3,7 bis 3 Milliarden Jahre) und der Barberton Greenstone Belt Südafrikas (3,5 bis 3,2 Milliarden Jahre). Charakteristisch für die Archaische Kruste ist die Assoziation von Tonaliten, Trondhjemiten und Granodioriten (= TTG-Suite), die in Grüngesteinsgürtel (Greenstone Belts), bestehend aus charakteristischen mafischen und ultramafischen Laven (Komatiite) und Sedimenten mit vulkanischen Komponenten, intrudierten. Tonalite, Trondhjemite und Granodiorite sind Kalifeldspat-arme Plutonite (Tiefengesteine) mit variablem Abteil von Quarz und Plagioklas, wie sie häufig an rezenten aktiven Kontinentalrändern vorkommen.

Komatiite, benannt nach dem Fluss Komati in Südafrika, sind Magnesium-reiche Schmelzen, die einen sehr hohen Schmelzpunkt bei etwa 1.600 °C haben. Sie kommen als Lavaergüsse und als magmatische Stöcke vor und sind ein Hinweis auf erhöhte Temperatur des Archaischen Mantels. Wahrscheinlich entwickelten sich die frühen TTG durch das partielle Schmelzen mafischer ozeanischer Plateaus, oder durch das Aufschmelzen abtauchender Platten an den Rändern dieser Plateaus. Aufsteigende TTG-Schmelzen intrudierten dann die mafischen und ultramafischen (komatiitischen) Gesteine der ozeanischen Kruste. Die frühen Archäischen TTGs und Greenstone Belts entwickelten sich über 200 bis 300 Millionen hinweg in mehreren Zyklen, aber unter gleichbleibenden, stabilen Bedingungen. Sie bildeten wenige, kleine, embryonale kontinentale Fragmente, die von Zeit zu Zeit miteinander kollidierten, ohne größere Kontinente zu bilden. Erst gegen Ende des Archaikums vereinigten sie sich und bildeten damit die heutigen Kerne der Kontinente. Nennenswerte Volumina an Granit *sensu stricto*, also Kaliumfeldspat-reiche Magmen, wie sie für jüngere Kollisionsgebirge typisch sind, waren erst ab dem Ende des Archaikums verbreitet.

Die Entwicklung der Archaischen kontinentalen Kruste lässt sich in drei Hauptschritten zusammenfassen: Die zuerst gebildete ozeanische Kruste bedeckte vermutlich die gesamte Erdoberfläche. Durch frühe Fraktionierungsprozesse bildeten sich erste ozeanische Plateaus. Die erste erhaltene kontinentale Kruste entstand ab dem frühen Archaikum durch Prozesse, die mit der Bildung heutiger Inselbögen vergleichbar ist. Allerdings war die Manteltemperatur im Archaikum wesentlich höher als heute. Dies hatte zur Folge, dass die Durchmischungsrate des Mantels durch Konvektion und somit die Recyclingrate der frühen Kruste erheblich höher war als heute. Die Archaische »Subduktion« war durch Mantelkonvektion gesteuert und kann nur mit Einschränkungen als Vorläufer der modernen Plattentektonik betrachten werden. Es gab noch kaum kontinentale Platten und die »Subduktionszonen« waren weniger stabil und weniger diskret als heute. Viele kleine kontinentale Fragmente bildeten sich, wurden fallweise wieder recycelt und kollidierten fallweise mit anderen Fragmenten. Gegen Ende des Archaikums formten sie sich zu größeren kontinentalen Landmassen, die in Summe bereits 45 bis 70 % des heutigen Volumens der Erdkruste erreichten. Mit dem Ende des Archaikums änderte sich die Situation insofern, als Kerne kontinentaler Kruste bereits bestanden haben. Diese entwickelten sich zu Kratonen (griechisch *kratos* = Kraft), die über die nachfolgenden Jahrmilliarden nahezu unverändert blieben und die heutigen »Kerngebiete« (»Schilde«) der Kontinente darstellen. Krustenneubildung und Krustenveränderung durch Gebirgsbildung konzentrierte sich auf die Ränder dieser Kratone. Die Bezeichnung Kraton, also Kraft, ist gut gewählt, denn Kratone sind tatsächlich überaus stabile Gebilde. Die meisten Archäischen Kratone sind von einem steifen, kalten und äußerst dicken lithosphärischen Mantel unterlagert. Die kratonische Lithosphäre, bestehend aus kontinentaler Kruste und subkrustalem Mantel, erreicht eine Dicke von 180 bis 250 Kilometern und ist somit nahezu doppelt so dick wie die moderne, 100 bis 140 Kilometer dicke Lithosphäre.

Kontinente wachsen durch Anlagerung von Material, hauptsächlich an ihren Rändern. Sie wachsen sowohl in vertikaler Richtung, als auch in horizontaler Richtung. Ein Beispiel für vertikales Wachstum ist die Bildung von Schmelzen über abtauchenden Platten. Diese akkumulieren, wie das Beispiel der südamerikanischen Anden zeigt, zu mächtigen granitischen Körpern. Horizontales Wachstum impliziert eine Addition von Material an den Kontinenträndern, die durch gebirgsbildende Prozesse sowie durch die Anlagerung von Inselbögen und angeliefertem Sedimentmaterial hervorgerufen wird. Ein Beispiel hierfür ist die Westküste Nordamerikas, die durch Akkretion (Anlagerung) unterschiedlich alter Inselbögen und Mikrokontinente enormes laterales Wachstum erfuhr. Derartige Prozesse führen zu »zwiebelschalenartiger« Verteilung von unterschiedlich alten Gesteinsgürteln mit den ältesten Gesteinen im Zentrum der Kontinente. Die Anlagerung von Material während der Konvergenz von Platten hängt natürlich von den Bewegungsrichtungen der beteiligten Platten und von der Form und Verteilung der sich schließenden Ozeane ab. Die »Zwiebelschalenform« ist eine äußerst grobe Vereinfachung, trifft aber für Europa veranschaulichend zu. Den Kern bilden die präkambrischen Gesteine Schwedens und Finnlands (Baltischer Schild), an dessen westlichem Rand ein altpaläozoischer Gebirgsgürtel angelagert wurde, die »Caledoniden« Norwegens und Schottlands. Im Süden folgen die jungpaläozoischen Variszischen Gebirge Frankreichs und Deutschlands, und weiter im Süden, die im jüngsten Mesozoikum und Känozoikum gebildeten Alpen. Diese Beschreibung lässt jeder Geologin und jedem Geologen die »Haare zu Berge stehen«, verdeutlicht aber gut die Schwierigkeiten bei der Abschätzung kontinentaler Zuwachsraten. Die Kenntnis der Gebirgsbildungsphasen (Caledonisch, Variszisch, Alpidisch), die bestimmte Teile Europas geprägt haben, sagt nichts über den Zuwachs an neu gebildeter Kruste aus. Betrachten wir als Beispiel die Alpen. Sie bestehen vorwiegend aus Gesteinen, die im Präkambrium, Paläozoikum und Mesozoikum an einem anderen Ort entstanden sind, als sie heute vorkommen. Während der Konvergenz von Afrika und Europa, der alpidischen Gebirgsbildung, formten sie sich zu den Alpen. Der Anteil an neu gebildeter, känozoischer Kruste ist in den Alpen verschwindend gering. Gebirge, die durch Kollision von Kontinenten entstehen, wie die Alpen, verändern bestehende Kruste durch Metamorphose, schmelzen alte Kruste auf, verteilen alte Kruste durch tektonische Prozesse, aber sie schaffen kaum neue Kruste. Entscheidend für die kontinentale Krustenzuwachsrate ist aber die Bildung »juveniler« (jugendlicher) Kruste. Das ist der Anteil an Kruste, der durch partielles Schmelzen des Mantels neu entsteht. Im Gegensatz dazu steht die überarbeitete Kruste, die »reworked crust«, die durch partielles Schmelzen bereits früher gebildeter Kruste entsteht. Die allermeiste juvenile Kruste wird bei der Bildung und Anlagerung von Inselbögen und kontinentalen magmatischen Bögen erzeugt. Beispiele hierfür sind die neoproterozoischen Gebirge im Nordosten Afrikas (Ägypten, Saudi Arabien, Sudan, Äthiopien), oder der Zentralasiatische Gebirgsgürtel (Russland, China, Mongolei, Kasachstan), der das größte phanerozoische Akkretionsgebirge der Erde darstellt.

Um die weltweiten Zuwachsraten an kontinentaler Kruste abschätzen zu können, bedarf es weltweiter Datensätze. Was liegt näher, als sich die Sedimente der Ozeane und der großen Flüsse anzusehen, die ja ein Sammelbecken für erodiertes Krustenmaterial sind? Dazu bedarf es eines Signals, das Information über die Zeit und über die Art der erodierten Kruste, ob juvenil oder »reworked«, bietet. Außerdem gilt es zu bedenken, dass Flüsse bei der Beprobung der Kontinente möglicherweise selektiv vorgehen. Junge und hohe Gebirge sind stärker von Erosion betroffen als die Flachländer, die üblicherweise von alter Kruste aufgebaut sind. Das Abtragungsmaterial alter Kruste ist daher in den Sedimenten wahrscheinlich unterrepräsentiert.

Das Mineral Zirkon bildet sich typischerweise in granitischen Magmen kontinentaler Kruste. Wird diese Kruste erodiert, gelangen Zirkon-Minerale in die Sedimente der Flüsse und über diese weiter ins Meer. Zirkon ist, wie bereits erwähnt, äußerst resistent gegenüber jedweder thermischen und mechanische Beanspruchung. Das Alter der Zirkon-Minerale, und damit das Alter der Kruste in der sie entstanden sind, lässt sich mit den heute zur Verfügung stehenden Methoden der Uran/Blei (U/Pb) Altersdatierung recht leicht bestimmen. Sie sind somit auf den ersten Blick ein idealer Datenträger, der es erlaubt, weltweite Phasen der Krustenbildung zu identifizieren. Die Altersverteilung von mehr als 100.000 in Sedimenten gefundenen Zirkon-Mineralen liefert erste Information über die Alterszusammensetzung der kontinentalen Kruste. Die deutlich identifizierbaren Maxima in den Altersgruppen liegen bei 2,7 bis 2,4 (Mesoarchaikum bis Neoarchaikum); 2,1 bis 1,7 (Paläoproterozoikum); 1,3 bis 0,95 (Mesoproterozoikum bis frühes Neoproterozoikum); 0,7 bis 0,5 (spätes Neoproterozoikum bis Kambrium) und 0,35 bis 0,18 (Karbon bis Jura) Milliarden Jahren. Dies zeigt allerdings nur, dass es während dieser Zeitintervalle zu vermehrter Kristallisation von Zirkonen gekommen war. Die Daten geben allerdings keine Auskunft über die Bildung juveniler Kruste, da Zirkone in vielen magmatischen und tektonischen »Settings« wachsen können. Sie könnten bei der Bildung von Magmen an Subduktionszonen, bei der Kollision von Gebirgen, oder während dem »Rifting« (Aufreißen) von Kontinenten entstanden sein. Zieht man die unterschiedliche Erhaltungsfähigkeit der magmatischen Gesteine in Betracht (Granite in Gebirgen sind erhaltungsfähiger als Granite an Subduktionszonen), liegt der Schluss nahe, dass die Mehrzahl der Zirkone während gebirgsbildender Prozesse in kollisionalen Graniten entstanden sind. Kollisionale Gebirge produzieren aber kaum juvenile Kruste. Demnach repräsentiert die Altersverteilung der Zirkone nicht die Addition neuer, also juveniler Kruste, sondern Phasen intensiver Überarbeitung der Kruste (= reworked crust). Tatsächlich korrelieren die Altersgruppen mit den Bildungszeiten von Großkontinenten, in denen die gesamte vorhandene Landmasse der Erde in einem Kontinent vereint war. Diese »Superkontinente« werden als Superia bzw. Sclavia (2,7 bis 2,4 Milliarden Jahre), Nuna (2,1 bis 1,7 Milliarden Jahre), Rodinia (1,3 bis 0,95 Milliarden Jahre), Gondwana (0,7 bis 0,5 Milliarden Jahre) und Pangaea (0,35 bis 0,18 Milliarden Jahre) bezeichnet. Für die beiden älteren sind fallweise die Namen Kenorland und Columbia in Gebrauch. Auffällig ist, dass in dem Intervall zwischen 2,4 und 2,2 Milliarden Jahren eine nur äußerst geringe magmatische Aktivität nachweisbar ist. Dieser Zeitraum, als »Crustal Age Gap« bezeichnet, wird uns später noch beschäftigen.

Argumente für den Zuwachs an juveniler kontinentaler Kruste liefern Isotopengeochemische Daten, insbesondere die Isotopenverhältnisse von Strontium (Sr), Neodym (Nd), Hafnium (Hf) und Sauerstoff (O). Die Prinzipien der Isotopenfraktionierung und Altersbestimmung wurden am Beispiel des Rubidium/Strontium-Systems im Abschnitt »Dokumentierte Zeit und Zeitdokumente: Geologische Zeitbestimmung« bereits erläutert. Einige Ergänzungen scheinen an dieser Stelle angebracht. Wie erwähnt, ist Rubidium ein lithophiles Element, das in der kontinentalen Kruste angereichert ist. Die Schmelzen kontinentaler Gesteine enthalten daher viel ^{87}Rb (Mutter-Isotop), welches im Lauf der Zeit zu ^{87}Sr (Tochter-Isotop) zerfällt. Dies führt zur Zunahme von ^{87}Sr, während die Konzentration des stabilen Isotops ^{86}Sr unverändert bleibt. Schmelzen, die aus alter kontinentaler Kruste entstanden sind, haben daher sehr hohe $^{87}Sr/^{86}Sr$-Verhältnisse. Gleich alte Mantelschmelzen, die juvenile Kruste repräsentieren, haben kleine $^{87}Sr/^{86}Sr$-Verhältnisse, da der Mantel nur geringe Mengen des Mutterisotops ^{87}Rb enthält und die Zuwachsrate an ^{87}Sr sehr klein ist. Man kann daher Isotopendaten, wie die $^{87}Sr/^{86}Sr$-Verhältnisse, nutzen um den Bildungsort von Magmen zu bestimmen, in diesem Fall um juvenile und recycelte Kruste zu unterscheiden. Um die »Lesbarkeit« (die Werte unterscheiden sich bei manchen Isotopensystemen in der vierten Nachkommastelle) und die Vergleichbarkeit derartiger Daten zu erleichtern, werden sie üblicherweise normiert. Die Isotopenverhältnisse der homogenen, jungen Erde sind durch die Analyse von Chondriten (Meteoriten) bekannt. Die theoretischen Isotopenverhältnisse einer hypothetischen, unveränderten Erde (ohne Stofftrennung in Kruste und Mantel) lassen sich für jeden beliebigen Zeitpunkt berechnen. Dies ist unser Vergleichswert, mit dem man die Proben anderer Magmen ins Verhältnis setzt. Man erhält dadurch einen sogenannten *epsilon*-Wert. Für die unveränderte Erde ist dieser Wert gleich Null: $\varepsilon_{Sr} = 0$. Magmen kontinentaler Kruste, die zu einem bestimmten

Zeitpunkt gebildet wurden, haben höhere ^{87}Sr/^{86}Sr-Werte als die »unveränderte« Erde. Ihre *epsilon*-Werte sind größer als 0, $\varepsilon_{Sr} > 0$. Durch die Bildung von Kruste wird dem Mantel lithophiles Material entzogen, der Mantel ist dadurch an diesen Elementen »verarmt«. Derartige Mantelschmelzen haben also geringere ^{87}Sr/^{86}Sr-Werte als die unveränderte Erde, ihre *epsilon*-Werte sind kleiner als 0, $\varepsilon_{Sr} < 0$. Auf ähnliche Weise werden *epsilon*-Werte für die Systeme Samarium/Neodym (Sm/Nd) und Lutetium/Hafnium (Lu/Hf) berechnet. Ein wesentlicher Unterschied der beiden letztgenannten Systeme zum Rb/Sr-System ist, dass die Mutter-Isotope ^{147}Sm und ^{176}Lu keine Krustenaffinität haben, sondern im Mantel angereichert sind. Dadurch steigt mit der Zeit die Konzentration der radiogenen Tochter-Isotope ^{143}Nd und ^{176}Hf im Mantel. Positive ε_{Nd} und ε_{Hf}-Werte sind daher ein Hinweis auf Mantelsignatur und juvenile Kruste, negative ε_{Nd} und ε_{Hf} Werte sind Hinweis auf Krustensignatur und recycelte Kruste. Die Systeme Rb/Sr und Sm/Nd verhalten sich komplementär und werden oft gemeinsam zur Charakterisierung von Magmen herangezogen. Der Vorteil des Lu/Hf-Systems beruht insbesondere auf der Tatsache, dass beide Nuklide in messbaren Größen im Mineral Zirkon vorkommen. Damit können Kristallisationsalter mittels U/Pb-Datierung und Magmen-Charakterisierung mit Hilfe der ε_{Hf}-Werte an einer Probe, oder besser formuliert, sogar an einem Mineral durchgeführt werden.

Die Isotope des Sauerstoffs (O), ein Hauptbestandteil des Minerals Zirkon (ZrSiO$_4$), eignen sich, um Magmen zu erkennen, deren Ausgangsmaterial mit der Hydrosphäre interagierte. Diese können keinesfalls juvenilen Ursprungs sein. Die Isotopenverhältnisse ^{18}O/^{16}O werden als Abweichungen von einem Standard, der der durchschnittlichen Zusammensetzung des Meerwassers (Vienna Standard Mean Ocean Water, VSMOW) entspricht, als d^{18}O‰-Werte notiert. Mantelschmelzen haben niedrige d^{18}O-Werte (d^{18}O = 5,37‰–5,81‰). Isotopen-Fraktionierung durch Oberflächenprozesse, wie Verwitterung, kann die $d^{18}O$-Werte bis zu $d^{18}O = 10‰$ erhöhen. Damit sind solche Werte als »fingerprint« für eine sedimentäre Komponente in granitischen Gesteinen zu werten.

Karbonate enthalten normalerweise viel Strontium und speziell marine Karbonate, die im Gleichgewicht mit dem Meerwasser gebildet wurden, geben Auskunft über die weltweite isotopische Zusammensetzung des Strontiums. Kennt man Alter und Sr-Isotopenverhältnisse der Karbonate, kann man die $^{87}Sr/^{86}Sr$-Entwicklung des Meerwassers über die Zeit rekonstruieren. Die derzeitigen Daten zeigen einen rapiden Anstieg der $^{87}Sr/^{86}Sr$-Werte bei etwa 2,5 Milliarden Jahren. Im Neoarchaikum lagen die Werte noch nahe denen des Mantels (ca. 0,701), im Proterozoikum wuchsen sie auf den heutigen Wert von etwa 0,709 an. Starke Schwankungen im Phanerozoikum repräsentieren Zeiten intensiver globaler Gebirgsbildung und Zeiten verstärkten Riftings. Während gebirgsbildender Phasen steigt die Erosionsrate und große Mengen an kontinentalem Material, und damit viel ^{87}Sr, gelangt in die Ozeane. Die globalen $^{87}Sr/^{86}Sr$-Werte des Meerwassers steigen dabei an. In Zeiten intensiven Riftings (Ozean-Spreizung) interagieren vermehrt heiße Basalte an mittelozeanischen Rücken mit dem Meerwasser. Diese sind arm an ^{87}Sr und die globalen $^{87}Sr/^{86}Sr$ Werte des Meerwassers sinken daher. Die Datenbasis für das Archaikum ist naturgemäß eher »dünn«, da nur wenige, zeitlich gut einstufbare Karbonate existieren. Die Daten zeigen aber, dass die Bildung kontinentaler Kruste und der Eintrag terrigenen Materials in die Ozeane spätestens vor etwa drei Milliarden Jahren einsetzte.

Sauerstoffisotope, gemessen in Zirkon-Mineralen bekannten Alters, helfen dieses Bild zu verfeinern. Der generelle Anstieg der maximalen $d^{18}O$-Werte von 7‰ auf den heutigen Wert von 10‰ im Proterozoikum spricht für rasches Anwachsen der kontinentalen Kruste ab dem Ende des Archaikums. Mit dem Ende des Archaikums nahm aber auch die Variationsbreite der $d^{18}O$-Werte stetig zu. Messdaten von gleich alten Zirkonen schwanken zwischen typischen Mantelwerten ($d^{18}O$ = 5,4‰) und stark erhöhten Werten ($d^{18}O$ bis zu 10‰). Dies ist ein Indiz dafür, dass in zunehmendem Maß Gesteine aufgeschmolzen wurden, die bereits einen Verwitterungszyklus hinter sich hatten. Generell niedrige $d^{18}O$-Werte in archaischen Zirkonen sind ein Hinweis, dass die frühe, felsische archäische Kruste rasch wieder in den Mantel recycelt wurde, bevor sie mit der Hydrosphäre reagieren konnte.

Ähnliche Verteilungsmuster zeigen die Daten der Isotope Neodym (ε_{Nd}-Werte) und Hafnium (ε_{Hf}-Werte). Niedrige *epsilon*-Werte charakterisieren in beiden Systemen das Archaikum, ein Anzeichen für Bildung juveniler Kruste zu dieser Zeit. Ab dem Ende des Archaikums ist eine deutliche Zunahme der Streuung der *epsilon*-Werte erkennbar, ein Indiz für die Beteiligung juveniler Magmen und Magmen aus wiederaufgeschmolzener Kruste am Wachstum der Kontinente. Besonders die Hafnium-Daten lassen deutliche Maxima in der Verteilung der *epsilon*-Werte erkennen, die es zulassen, den Beitrag juveniler und recycelter Kruste am Aufbau der Kontinente abzuschätzen.

Die Zusammenschau aller Daten liefert ein recht klares Bild über die Entwicklung der kontinentalen Kruste. Die eoarchaische und paläoarchaische Kruste (älter als 3,5 Milliarden Jahre) bestand aus vermutlich vielen, aber sehr kleinen Mikrokontinenten, die kaum größer als 500 Kilometer im Durchmesser waren. Bis zum Ende des Archaikums (vor etwa 2,5 Milliarden Jahren) formten sie sich zu größeren Kontinenten, die bereits 45 bis 70 % der Landmasse der heutigen Erde entsprachen. Die Nettozuwachsraten verlangsamten sich auf 20 bis 40 % im Proterozoikum und 10 bis 15 % im Phanerozoikum. Grob geschätzt entspricht das einer Wachstumsrate von 3 km³ pro Jahr für die ersten 1,5 Milliarden Jahre und 0,8 km³ pro Jahr für die verbleibenden 3 Milliarden Jahre. Die Verlangsamung der durchschnittlichen Krustenzuwachsrate ist sehr wahrscheinlich auf die erhöhte Rückführungsrate von kontinentaler Kruste in den Mantel zurückzuführen. Mit dem Einsetzen der Plattentektonik wurde in zunehmendem Ausmaß Kruste wieder zerstört. Auf den ersten Blick decken sich die, wenn auch generell im Trend abnehmenden, aber doch kontinuierlichen, Krustenzuwachsraten nicht mit den klar abgrenzbaren Maxima der Zirkon-Altersgruppen. Diese Spitzen dokumentieren weltweite Gebirgsbildungsphasen, die die proterozoischen und phanerozoischen Superkontinente formten. Während der Bildung dieser Großkontinente wurde vor allem alte Kruste aufgeschmolzen, aber nicht vermehrt juvenile Kruste produziert. Die Kontinente formten sich in Perioden von mehreren 100 Millionen Jahren, während der Zuwachs juveniler kontinentaler Kruste aber weitgehend kontinuierlich verblieb. Dies impliziert, dass das Wachstum der Kontinente durch Perioden von intensiviertem Krustenrecycling gesteuert wird.

Superkontinente

Globale Datensätze ermöglichen es zwar, die Bildungszeiten der Großkontinente festzulegen, sie sagen aber nichts über die Größe und die geografische Position der Superkontinente aus. Dazu bedarf es anderer Techniken. Die Rekonstruktion von Pangaea ist recht einfach, denn während des Zerfalls des jüngsten der Superkontinente, wurde ja die Mehrzahl der heutigen Ozeane gebildet. Man braucht also nur diese gedanklich wieder zu schließen und wird feststellen, dass die Küstenlinien vieler Kontinente zueinander kongruent sind, d. h. sich wie bei einem Puzzlespiel passgenau ineinanderfügen lassen. Besonders offensichtlich ist die Übereinstimmung der Küstenlinien Südamerikas und Afrikas, wenn der Südatlantik gedanklich geschlossen wird. Dies war Alfred Wegener (1880–1930) bereits im Jahr 1912 aufgefallen, als er erstmals öffentlich die Idee seiner »driftenden Kontinente« vorstellte. Zusätzlich zur Übereinstimmung der Küstenlinien als ein Indiz einstiger zusammenhängender Landmassen präsentierte Wegener aber auch geologische Evidenzen. Beispielsweise hatte die permische Vereisung ihre Spuren in der Antarktis, Südamerika, Südafrika, Indien und Südaustralien hinterlassen – zum Teil in Gebieten, die bei heutiger Anordnung der Länder im tropisch- bis subtropischen Klimagürtel liegen. Ihre »puzzleartige« Rückführung gibt Aufschluss über die Lage der Pole zur Permzeit. Ebenso erstreckte sich der karbone Kohlegürtel quer über das nordwestliche Südamerika, das südliche Nordamerika, Zentraleuropa und Asien. Als Anzeiger für feucht-tropisches Klima zeichnet er etwa den damaligen Äquator nach. Aber auch die am Land lebenden Tiere und Pflanzen eignen sich dafür, um ehemals zusammenhängende Landmassen zu identifizieren, da Ozeane natürliche Barrieren für solche Organismen darstellen. Nicht nur das Vorkommen permischer und triassischer Landwirbeltiere war schon im frühen 20. Jahrhundert ein gewichtiges Argument für einen einst zusammenhängenden Kontinent. Auch der Verbreitung der an gemäßigtes bis kühles Klima angepassten »*Glossopteris*-Flora«, die aus charakteristischen laubabwerfenden Arten besteht, maß man entsprechende Bedeutung in der Rekonstruktion ehemaliger Klimagürtel auf dem Superkontinent Pangaea zu.

Da es aber auf der Erde keinen intakten Ozeanboden gibt, der älter als 200 Millionen Jahre alt ist, und der »Landgang« der Organismen erst im unteren Phanerozoikum (Ordovizium) stattfand, müssen wir bei der Rekonstruktion älterer Superkontinente auf andere Informationsquellen zurückgreifen. Eine sehr erfolgreiche Methode, die Paläomagnetik, macht sich die Magnetisierbarkeit von Gesteinen zu Nutze. Bestimmte Minerale im Gestein, insbesondere Magnetit (Fe_3O_4), sind in der Lage Informationen über das Magnetfeld der Erde während ihrer Bildung zu speichern. Sie tragen Information über die Position der Pole zur Zeit ihrer Bildung, vorausgesetzt sie wurden nicht nachträglich über eine bestimmte Temperatur, den sogenannten Curie-Punkt, erhitzt.

Untersucht man verschieden alte Gesteine auf den unterschiedlichen Kontinenten, kann man für jeden Kontinent, oder für bestimmte Teile eines Kontinents, scheinbare Pol-Wanderpfade (»apparent pole wander paths«) erstellen. Diese »Wanderpfade« werden in Karten mit großem Maßstab dargestellt. Nimmt man an, dass die Pole der Erde ihre Lage im Lauf der Zeit nur unwesentlich geändert haben, repräsentieren die scheinbaren Pol-Wanderpfade die Bewegung der Kontinentalplatten. Pol-Wanderpfade, deren Punkte die scheinbare Lage der Pole zu bestimmten Zeiten in einer Spur darstellen, gleichen sich in zusammengehörigen Landmassen und dokumentieren die gemeinsame Wanderung dieses Kontinents. Sind die Plattenbewegungen zweier Kontinente verschieden, so unterscheiden sich auch ihre scheinbaren Pol-Wanderpfade. Aus diesen Informationen lassen sich die relativen Bewegungen der Platten und ihre jeweilige geografische Lage, bezogen auf die der heutigen Pole, rekonstruieren. Die Anwendung dieser Technik gestaltet sich allerdings für die Rekonstruktion älterer Plattenbewegungen als zunehmend schwieriger, da eine geringere Menge an datierten Gesteinen zur Verfügung steht. Zudem ist bei sehr alten Gesteinen die Wahrscheinlichkeit noch größer, dass durch eine spätere Veränderung, wie durch die Metamorphose, das Signal ausgelöscht oder verändert wurde. Zusätzliche Einschränkungen beruhen auf der axialen Symmetrie des Dipolfeldes der Erde und so sind Bewegungen parallel zu den Breitenkreisen durch diese Methode nicht aufzuspüren. Zudem kommt, dass bei einer Einzelmessung die Polarität des Magnetfeldes nicht ermittelt werden kann. Das bedeutet, dass nicht zwischen magnetisch-Süd und magnetisch-Nord unterschieden werden kann. Mit einer Einzelmessung kann daher nicht entschieden werden, ob die Gesteinseinheit, bzw. der Kontinent, einst südlich oder nördlich des Äquators gelegen hatte.

Für die Rekonstruktion präkambrischer Plattenbewegungen sind geologische Argumente mehr als nur Ergänzung zur Paläomagnetik. Dabei wird versucht, signifikante Gesteinseinheiten oder tektonische Elemente über die Grenzen heute entfernter Kontinente hinweg zu identifizieren, um ihre frühere Form zu rekonstruieren. Diese sogenannten »piercing points«, also Durchstoßpunkte, an denen sich die Strukturen zweier Kontinente treffen, können vielfältiger Natur sein. Es kann sich dabei, um nur einige Beispiele zu nennen, um ältere Gebirgszüge, ältere passive Kontinentalränder, magmatische Provinzen oder große magmatische Gänge handeln. Um solche Strukturen nutzbar machen zu können, gilt nur eine einzige Voraussetzung, nämlich dass diese älteren geologischen Elemente einen großen Winkel zu den heutigen Plattengrenzen aufweisen. Strukturen parallel zu Plattengrenzen unterstützen die Rekonstruktion von Kontinenten nicht, sind aber leider sehr häufig. Mehrere, sehr gut datierte Ereignisse auf entfernten Kontinenten, wie etwa eine Reihe kurzlebiger magmatischer Eruptionen, definieren sogenannte »barcodes«, in Anlehnung an den Strichcode der Waren im Supermarkt. Werden Teile dieser Barcodes auf kontinentalen Fragmenten identifiziert, kann man den Zeitpunkt bestimmen, ab dem sie eine gemeinsame Geschichte erfahren haben.

Zweifellos waren gegen Ende des Archaikums größere Landmassen vorhanden, es ist aber unwahrscheinlich, dass diese sich zu einem zusammenhängenden Kontinent Kenorland vereinigt hatten. Man kennt heute etwa 35 Archaische Kratone, die sich aufgrund von Ähnlichkeiten in die drei archaischen »Großkontinente« Vaalbara, Superia und Sclavia gliedern lassen. Keiner von ihnen war größer als das heutige Australien. Vaalbara, der älteste der Kontinente, begann sich bereits ab dem frühen Archaikum zu bilden (vor 3,4 Milliarden Jahren) und zerfiel wieder im Neoarchaikum (vor 2,7 Milliarden Jahren). Er beinhaltet den Kaapvaal Kraton (Südafrika und Botswana) und den Pilbara Kraton Australiens. Der Name »Vaalbara« ergibt sich aus den Namensbestandteilen dieser beiden archaischen Kratone. Der Kontinent Superia bestand, neben kleineren kontinentalen Fragmenten, aus Kanadas Superior Kraton und Karelia (Russland, Finnland). Sclavia setzte sich aus dem Kanadischen Slave Kraton und dem Indischen Dharwar Kraton zusammen. Die Bildung von Superia und Sclavia begann vor etwa 2,6 Milliarden Jahren, vor etwa 2,1 Milliarden war ihr Zerfall bereits abgeschlossen. Allein schon die überlappenden Altersgruppen lassen vermuten, dass die frühen Kontinente wohl eher Inseln waren als ein zusammenhängender Kontinent.

Jedenfalls kam es mit der Bildung erster größerer Landmassen zu tiefgreifenden Veränderungen der Erde. Bedeutende Mengen an Fluss- und Becken-Sedimenten sind erst ab dem Neoarchaikum überliefert. Sie dokumentieren das verstärkte Einsetzen von Erosion und den Eintrag von verwittertem Material und Nährstoffen in die Ozeane. Eines der ältesten großen Sedimentbecken der Erde, das 2,9 bis 3 Milliarden alte Witwatersrand-Becken, beherbergt die weltweit größten Goldreserven der Erde. Zur Zeit der Bildung des Beckens hatten sich die Cyanobakterien bereits entwickelt gehabt. Rund 500 Millionen Jahre später kam es zum sprunghaften Anstieg des atmosphärischen Sauerstoffs, der sogenannten Sauerstoffkrise (siehe Kapitel »Sauerstoff: Krise und Chance zugleich«). Interessanterweise fällt diese Zeit mit dem sogenannten »Crustal Age Gap« zwischen 2,4 und 2,2 Milliarden Jahren zusammen, während dem nur wenig juvenile Kruste produziert wurde. Während dieser Phase tektonischer Ruhe war die vulkanische Aktivität stark eingeschränkt und die Freisetzung von Fe^{2+} und H_2 war stark reduziert. Sauerstoff wurde nicht sofort für Oxidationsprozesse »abgezogen«, sondern stand für den Aufbau einer Sauerstoff-haltigen Atmosphäre zur Verfügung. Die Abnahme des atmosphärischen CO_2-Gehalts durch Silikatverwitterung auf den freiliegenden Landmassen und gleichzeitig verminderte CO_2-Produktion durch die nur eingeschränkte magmatische Aktivität, ließ den globalen CO_2-Gehalt sinken. Der dadurch verringerte Treibhauseffekt, der zusätzlich durch die massive organismische O_2-Produktion verstärkt wurde, ließ die mittlere Temperatur der Erde soweit sinken, dass es vor 2,4 bis 2,3 Milliarden Jahren zur ersten globalen Vereisung auf der Erde kam. Die ältesten bekannten Eisablagerungen sind etwa 2,9 Milliarden Jahre alt (Pongola Supergroup in Südafrika), zur ersten globalen Vereisung kam es aber erst im frühen Paläoproterozoikum. Im Zeitraum zwischen 2,2 und 2,4 Milliarden Jahren sind Eisablagerungen in Kanada, Europa, Afrika und Australien dokumentiert.

Nuna, oder Columbia (nach einer Region im Westen Kanadas), war der erste echte Superkontinent der Erde. Nuna bezeichnet in der Sprache der Inuit das »Land an der Grenze zu den nördlichen Ozeanen«, manchmal ist auch der Name Nena, eine Zusammensetzung aus den Namensteilen Nordeuropa und Nordamerika, in Gebrauch. Gebirgsbildende Ereignisse zwischen 2,2 und 1,8 Milliarden Jahren hatten Krustenteile, die auf alle heutigen Kontinente verteilt sind (Westafrika, Teile Südafrikas und Südamerikas, Nordeuropa, Sibirien, Nordamerika, Indien, Nordchina, Antarktis) miteinander verschweißt. Das Auseinanderbrechen dieses Superkontinents ist weit weniger gesichert. Große basaltische Gangschwärme im Norden Kanadas (»Mackenzie Swarm«) zeigen, dass sich zwischen 1,35 und 1,25 Milliarden Jahren bereits kontinentale Fragmente von Nuna abzuspalten begannen. Dieser »Abspaltungsversuch« schlug aber fehl, denn paläomagnetische Daten zeigen, dass zumindest Teile Nordamerikas, Nordeuropas (»Baltika«) und Sibiriens intakt geblieben waren und in den nächsten Superkontinent, Rodinia (russisch *rodina* = Heimatland), inkorporiert wurden. Globale Gebirgsbildungen vor 1,3 bis 0,9 Milliarden Jahren, die bekannteste davon ist die »Grenville Orogenese«, die nach einem Ort in der Kanadischen Provinz Quebec benannt wurde, führten zur Bildung Rodinias. Die verschiedenen Rekonstruktionen Rodinias weichen so sehr voneinander ab, dass selbst fantasiebegabte Geologen manchmal Zweifel an der Seriosität der Rekonstruktionen haben. In einer einfachen

Darstellung lassen sich die einzelnen kontinentalen Fragmente in Gruppen gliedern. Im Nordteil des Kontinents waren das heutige Indien, die Antarktis und Australien vereint. Südlich davon lagen das heutige Nordamerika und Grönland, sowie das Baltikum (Norwegen, Schweden, Finnland, NW Russland) und Sibirien. In den Südteil waren Bereiche des heutigen Afrikas und Südamerikas integriert. Rodinia hatte als Superkontinent nicht lange bestand und begann vor etwa 0,8 Milliarden Jahren wieder zu zerfallen.

Im Zeitraum zwischen 1,8 und 0,8 Milliarden war es zu keinen tiefgreifenden Veränderungen auf der Erde gekommen. Der Großkontinent Nuna hatte sich gebildet gehabt und war über längere Zeit nahezu intakt geblieben, ehe er nach nur geringfügiger Umorganisation der Platten in den nächsten Großkontinent Rodinia integriert worden war. Diese Zeitspanne wird als »Boring Billion«, also langweilige Milliarde der Erdgeschichte bezeichnet. Die Umweltbedingungen waren sehr stabil, es sind aus diesem Zeitraum keine Vereisungen dokumentiert und stabile Verhältnisse der Kohlenstoffisotope ($d^{13}C$) lassen darauf schließen, dass es zu keiner sprunghaften biologischen Entwicklung kam. Darum ist auch der Name »Barren Billion«, also unfruchtbare oder karge Milliarde, in Gebrauch. Das bedeutet jedoch nicht, dass es zu keiner tektonischen und magmatischen Aktivität gekommen war, immerhin entstanden in dieser Zeitspanne bedeutende Gebirgszüge. Viel mehr dürfte sich ein globales Gleichgewicht eingestellt haben. Tektonische Aktivität hatte bevorzugt an den Rändern dieser Großkontinente stattgefunden, die wie stabile Deckel (»Lid«) über der Asthenosphäre lagen, ohne intern zu zerbrechen. Die eingeschränkte Bewegung der Platten wird in ursächlichem Zusammenhang mit stabilen Bedingungen in der Hydrosphäre und Atmosphäre gesehen. Zumindest während zwei kurzer Zeitspannen war diese Epoche allerdings alles andere als langweilig. Vor 2,02 und 1,85 Milliarden Jahren trafen die bislang größten auf der Erdoberfläche nachweisbaren bekannten Meteoriten die Erde.

Der ältere Vredefort-Impact hinterließ einen Krater von etwa 300 Kilometern Durchmesser in Südafrika, der Sudbury-Impact erzeugte einen Krater von etwa 250 Kilometern in Kanada. Die Auswirkungen dieser Meteoriteneinschläge hatten kurzzeitige, aber dramatische Folgen. Vermutlich kam es zum massenhaften Sterben von Organismen, wie es weltweite Vorkommen von Anthraxolith, eine Art von sehr harter Kohle mit geringem Anteil an flüchtigen Elementen, nahelegen.

Zwischen 800 und 650 Millionen Jahren zerbrach der Kontinent Rodinia und eine große Zahl neuer Ozeane bildete sich. Kurz darauf, zwischen 650 und 550 Millionen Jahren, vereinigten sich Südamerika, Afrika, Indien, Antarktika und Australien zu einem neuen großen Südkontinent Gondwana (Sanskrit bzw. dravidisch *gondvana* = Land der Gonds, ein Volk Zentralindiens). Ein riesiges Gebirge, der »Transgondwana Supermountain Belt« erstreckte sich entlang der heutigen Ostküste Afrikas. Die nördlichen Kontinentalmassen Baltika, Laurentia (Nordamerika) und Sibiria bildeten den Nordkontinent (Pannontia), der nur kurzzeitig, zwischen 580 und 540 Millionen Jahren, mit Gondwana vereinigt war. Prozesse, die zur Konsolidierung Gondwanas, zum Zerfall dieses Großkontinents und zur Bildung des nächsten Großkontinents Pangaea (griechisch *pan* = ganz und *gaia* = Erde) führten waren kurzlebig und zeitlich überlappend. Die kontinentalen Platten waren im Zeitraum zwischen 650 und 320 Millionen Jahren äußerst mobil. Bereits im Kambrium begannen sich Kontinentteile vom Nordrand Afrikas abzuspalten und nordwärts zu driften. Der erste dieser Mikrokontinente, Avalonia, benannt nach einer Halbinsel Neufundlands, kollidierte vor etwa 450 Millionen Jahren mit Baltika und Laurentia. Im Karbon, vor etwa 320 Millionen Jahren, war die Kollision von Afrika mit dem neu entstandenen Nordkontinent (Larussia = Laurentia und Russland, eigentlich Sibiria) abgeschlossen und Pangaea war entstanden. Ein weiteres großes Gebirge, das Variszische Gebirge, war entstanden, dessen zentrale europäischen Anteile sich heute von Spanien über Frankreich und Deutschland nach Tschechien erstrecken. Streng genommen besteht der gesamte Europäische Kontinent, bis auf die archaischen und proterozoischen, baltischen Anteile Schwedens, Finnlands und Russlands aus »Afrikanischer Kruste«. Der Großkontinent Pangaea war von einem Weltmeer, Panthalassa (griechisch *pan* = alles und *thalassa* = Meer), umgeben. Eine riesige Bucht dieses Meeres, die Paläotethys (Tethys = griechische Titanin und Meeresgöttin, verheiratet mit Okeanos) trennte Asien im Norden von Afrika, Indien und Australien im Süden. Der flache Schelfbereich im äußersten Westen dieser Bucht wurde zum Bildungsraum der späteren Bayerischen und Österreichischen Kalkalpen. Ab der Obertrias (vor ca. 225 Millionen Jahren) begann der Superkontinent Pangaea wieder zu zerbrechen. Dieses Zerbrechen war aber zugleich mit der Bildung von Gebirgsgürteln an anderen Orten verbunden. So löste, um nur ein Beispiel zu nennen, die Öffnung des zentralen Atlantik eine gegen den Uhrzeigersinn (linksdrehende oder positive) verlaufende Rotation der Afrikanischen Kruste aus. Die mit dieser Rotation im Zusammenhang stehende Nordwärtsdrift Afrikas führte, vereinfacht dargestellt, zur Schließung der Tethys und in weiterer Folge zur Bildung der Alpen und zur Auffaltung der Gebirgsgürtel in der Türkei, im Iran und in China. Diese Kollisionen könnten durchaus in Verbindung mit der Bildung eines neuen Superkontinents stehen.

Mit dem Zusammenbruch Rodinias, der Bildung und dem Zerfall Gondwanas war die relativ ruhige Epoche der Erdgeschichte, die »Boring Billion« zu Ende. Ständige Umorganisation der Platten, verbunden mit intensiver Krustenneubildung und Gebirgsbildung während der relativ kurzen Zeitspanne zwischen 800 und 500 Millionen Jahren, ging mit dramatischen Änderungen einher. Eiszeiten zwischen 750 und 735 Millionen Jahren (Kaigas-Vereisung), 715 und 680 Millionen Jahren (Sturtische Vereisung) und 680 und 635

Millionen Jahren (Marinoa-Vereisung), die teilweise die gesamte Erde betrafen (siehe Kapitel »Die Erde als Schneeball und fehlgeschlagenes Experiment des Lebens?«), wechselten in rascher Folge mit Warmzeiten. Kohlenstoffisotope zeigen extreme Schwankungen, die als ein Indiz für periodisch erblühendes Leben gewertet werden. Nicht zuletzt hatte sich der Modus der Plattentektonik geändert. Erstmals kam es zur Bildung von Hochdruck/Niedrigtemperatur- und Ultrahochdruck-Gesteinen auf der Erde. Diese zeigen an, dass wasserreiche, »kalte Kruste« in große Tiefen subduziert wurde. Vor dem Neoproterozoikum, vor allem im Archaikum, war die Temperatur des Mantels noch so hoch, dass Mantelkonvektion dominanter tektonischer Stil auf der Erde war. Viele Autoren datieren daher den Beginn der modernen Plattentektonik ins späte Neoproterozoikum.

Die Schaffung neuer Landmassen und der durch den neuen Modus der Subduktion verstärkte Transport von Wasser in den Erdmantel ließ den Meeresspiegel in Phasen der Superkontinent-Bildung dramatisch sinken. Das Zerbrechen der Kontinente führte dagegen längerfristig wieder zu einem Anstieg des Meeresspiegels. Man schätzt, dass der Meeresspiegel vor 750 Millionen Jahren um etwa 600 Meter höher war als heute und dass die Landmassen nur 10 % der damaligen Erde ausmachten. Interessanterweise korreliert die Anzahl der zu einer bestimmten Zeit existierenden Kontinente mit dem Niveau des Meeresspiegels. Vor etwa 600 Millionen Jahren existierte nur ein Großkontinent (»Gondwana«). Der Meeresspiegel hatte einen Tiefstand erreicht und die kontinentalen Schelfgebiete waren trockengefallen. Im Laufe des Zerfalls von Gondwana, vor 500 bis 400 Millionen Jahren, hatten sich vier bis fünf individuelle Kontinente gebildet. Der Meeresspiegel stieg um bis zu 400 Meter und überflutete die Schelfgebiete. Zwischen 300 und 200 Millionen Jahren waren wieder aller Kontinente zu Pangaea vereinigt und der Meeresspiegel sank. Durch den Zerfall von Pangaea wurden wieder fünf Kleinkontinente geschaffen. Der Meeresspiegel stieg und die Schelfbereiche wurden überflutet. Natürlich werden diese Großzyklen der Meeresspiegelschwankungen von vielen anderen, globalen und regionalen Parametern überlagert. Diese Meeresspiegelschwankungen, in Verbindung mit der Umorganisation der Kontinente begünstigte die Schaffung von ökologischen Nischen und ist sicherlich für die rasante Diversifizierung der Organismen im Phanerozoikum mitverantwortlich.

Ebenso interessant wie die Feststellung der Tatsache, dass es im Lauf der Erdgeschichte mehrere Großkontinente gab, ist die Frage nach den Ursachen, warum es dazu kam. Die Plattentektonik als kontinuierlicher Prozess der Krustenbildung und des Krustenrecyclings bietet keine Erklärung für episodisches Wachstum und episodischen Zerfall von Großkontinenten. Halten wir uns die weltweite Verteilung der Zirkon-Altersdaten nochmal vor Augen. Diese zeigt Maxima bei 2,7; 1,8; 1,0; 0,6 und 0,3 Milliarden Jahren, die mit der Bildung der Superkontinente Superia, Nuna, Rodinia, Gondwana und Pangaea korrelieren. Die Alter repräsentieren Zeiten verstärkter Bildung von neuer kontinentaler Kruste und Re-Mobilisierung bereits bestehender Kruste während gebirgsbildender Prozesse. Das Muster der Altersverteilung zeigt wenige, breite »Peaks« im Präkambrium bei 2,7; 1,8 und einer Milliarde Jahre, sowie zunehmend häufigere, aber kurzzeitigere Ereignisse im Phanerozoikum (bei 600, 300, aber auch 120 Millionen Jahren). Es scheint also, als hätten sich die tektonischen Ereignisse im Phanerozoikum beschleunigt.

Die Mechanismen des Zerfalls von Großkontinenten lassen sich am Beispiel des jüngsten Kontinents ableiten. Vor 200 Millionen Jahren lag das Zentrum Pangaeas in der Position des heutigen Afrikas. Der Großkontinent lag über einer Zone von heißem, aufsteigendem Mantelmaterial (mantle plume) über der die Kruste sich wölbte. Von dieser Wärmequelle, die zugleich eine topografische Hochzone darstellte, bewegten sich die abgespalten Teile Pangaeas weg. Diese Situation besteht bis heute fort. Afrika liegt immer noch über einer Anzahl von Manteldiapiren, oder Hot Spots, die dem Kontinent seine überdurchschnittlich große mittlere Seehöhe verleihen (»Geoid High«), aber auch den bis heute anhaltende Zerfall Afrikas am Beispiel des Ostafrikanischen Grabenbruch System eindrucksvoll dokumentieren. Seismische Untersuchungen des heutigen Mantels stützen die These von großen vertikalen Mantelströmen, die ihren Ursprung an der Kern/Mantel-Grenze haben. Eine Zone von aufwärtsgerichtetem Fluss von heißem Mantelmaterial liegt unter Afrika, eine andere im zentralen Pazifik. Dazwischen liegen Gebiete mit kaltem und dichtem Mantel, die als Zonen absteigenden Materialflusses interpretiert werden.

Die Bedeutung zyklisch auftretender, großer Manteldiapire (Superplumes) für den Zerfall von Großkontinenten wird durch die zeitliche Nähe von voluminösen Vulkanprovinzen (»Large Igneous Provinces« = LIP) mit Perioden des beginnenden Zerfalls von Kontinenten gestützt. Aufsteigende Mantelschmelzen transportieren Wärme von der Kern/Mantel-Grenze an die Basis der Lithosphäre und verursachen enorme magmatische Aktivität in Form von großflächigen Lavaergüssen (LIP). Liegt ein Großkontinent über einem derartigen Manteldiapir, wirkt dieser wie ein isolierender Schild und verhindert, dass Wärme entweichen kann. Dadurch wird die Lithosphäre derart erhitzt, dass ihre Festigkeit extrem abnimmt. Der aufsteigende Materialfluss führt zu Zugspannungen in der sich aufwölbenden Lithospähre, bis diese zerbricht und die Kontinente auseinandergleiten.

Das Auseinanderdriften von Kontinenten und aufsteigende Materialflüsse bedingen wiederum absteigenden Materialfluss an anderen Orten. An Subduktionszonen wird kalte ozeanische Lithosphäre vorerst in eine Tiefe von etwa 660 Kilometer transportiert (»cold downwelling«). Unterhalb dieser Grenze zwischen oberem und unterem Mantel liegen die Mantelminerale in Form von sehr dichten Hochdruckmodifikationen vor. Diese verhindern vorerst das weitere Absinken von kalten Platten und es bildet sich ein »zweiter Kontinent« etwa 660 Kilometer unter der Erdoberfläche. Diese Grenze zwischen oberem und unterem Mantel ist für absinkende Platten allerdings durchlässig, wenn sich die Manteltemperaturen nur geringfügig ändern. Numerische Simulierungen zeigen, dass bei einem heißeren Mantel, wie er im Archaikum existierte, diese Grenze eine starke Barriere darstellte. Auf der heutigen Erde sinken, wie wir durch die Analyse seismischer Daten wissen, die abtauchenden Platten in den unteren Mantel und weiter an die Kern/Mantel-Grenze. Einige Modelle schlagen ein katastrophenartiges Absinken des »zweiten Kontinents«, der subduzierten ozeanischen Platten, an die Kern/Mantel-Grenze vor. Diese »Platten Lawinen« (»Slab Avalanches«) tragen zur Kühlung des Erdkerns bei. Die auseinandergebrochenen kontinentalen Platten der Superkontinente folgen dem Fluss des »cold downwellings«, also der abtauchenden ozeanischen Platten. Während sich im Inneren des zerbrechenden Kontinents ein neuer Ozean öffnet und verbreitert, wird der äußere, den Superkontinent umgebende Großozean immer kleiner. Wenn dieser ältere, ehemalige Großozean vollständig subduziert ist, und die ihm folgenden kontinentalen Platten miteinander kollidiert sind, hat sich ein neuer Superkontinent gebildet.

Der Prozess des Zerbrechens und die Bildung eines neuen Superkontinents führt zur Umorganisation der Mantelflüsse. Vor dem Zerbrechen des Großkontinents war der Mantelfluss über einem aufsteigenden, heißen Manteldiapir lokalisiert (»hot upwelling«). Beim Zerbrechen des Kontinents folgen die einzelnen Platten dem Fluss der abtauchenden ozeanischen Platten, und wenn der Ozean vollständig geschlossen ist, bildet sich ein neuer Superkontinent. Der nächste Superkontinent ist somit anfangs über einer Zone von kaltem, abwärts gerichteten Materialfluss (»cold downwelling«) lokalisiert und somit äußerst stabil. Erst wenn sich der Mantel durch die thermische Isolierung des neuen Kontinents genügend erwärmt hat und sich die Wärme- und Materialflüsse im Mantel umorganisiert haben, kann ein neuer Manteldiapir entstehen und der Kontinent wird wieder zerbrechen. Die Umorganisation des Mantels ist ein Prozess, der Zeit erfordert. In Abhängigkeit von der Temperatur des Mantels, die seine Fließfähigkeit entscheidend beeinflusst, werden zwischen 500 und 250 Millionen Jahre für einen Superkontinent-Zyklus veranschlagt. Dies ist natürlich nur ein sehr grober Richtwert, denn Mantelkonvektion ist nicht der einzige steuernde Faktor.

PLATTENTEKTONIK,
DAS EINZIG GÜLTIGE MODELL?

Überlegungen im Zusammenhang mit Superkontinent-Zyklen führen zurück zu einer sehr grundlegenden Frage, nämlich zu der nach dem Beginn der Plattentektonik und den steuernden Faktoren der globalen Tektonik generell. Folgt man den Vorstellungen, dass die Bildung von Großkontinenten mit Manteldiapiren in Zusammenhang steht, ist die Dynamik der Bildung und Bewegung von Kontinenten im Mantel und an der Kern/Mantel-Grenze zu suchen. Die »klassische« Theorie der Plattentektonik dagegen sieht die treibenden Kräfte in der Lithosphäre. Ozeanische Lithosphäre sinkt aufgrund ihrer Dichte in den Mantel und die Kontinente folgen, vereinfachend gesagt, diesem Materialfluss. Die Koppelung zu Flüssen im Mantel ist im plattentektonischen Modell nur gering, wie es die Existenz der sehr weichen Lage an der Basis der Lithosphäre (»Low Velocity Zone«) nahelegt. Unserer Meinung nach ist es wenig hilfreich sich an Begrifflichkeiten »aufzuhängen«. Vielmehr sollte man erkennen, dass sich die Erde im Laufe ihres Werdegangs zu einem immer komplexeren System entwickelt hat, in dem die Prozesse aller Sphären, vom Kern bis zur Biosphäre, zunehmend komplexer ineinandergreifen.

Die Frage nach dem zeitlichen Beginn der Plattentektonik ist untrennbar an die Definition des Begriffs der Plattentektonik selbst geknüpft – und hier scheiden sich die Geister. Wenn man sehr allgemeine Kriterien nimmt, wie die Existenz und Mobilität von Platten, die Existenz von Subduktionszonen allgemeinster Art und die Kollision von Platten, wird man zu dem Schluss kommen, dass es plattentektonische Prozesse bereits im Archaikum gegeben hat. Fasst man die Kriterien dagegen enger und nimmt die Existenz von gut datierten Ozeanboden-Ophiolithen und Hochdruck-Niedrigtemperatur-Gesteinen als Anzeiger für Ozean-Spreizung und Subduktion kalter und wasserreicher Kruste, wird man den Beginn der Plattentektonik erst in das Neoproterozoikum verlegen.

Im Kapitel über das Hadaikum haben wir bereits drei Begriffe verwendet, um die tektonische Entwicklung der Erde zu charakterisieren, die Bombardement-Tektonik (wirksam im Hadaikum), die Wärme-Tektonik (während des Archaikums bis Paläo-Proterozoikums) und die Wasser-Tektonik (ab dem Neoproterozoikum). Diese Begriffe eignen sich gut, um den jeweils dominanten Prozess während einer tektonischen Aktivität schlagwortartig zu beschreiben, sie haben aber den Nachteil, dass ganz unterschiedliche physikalische Parameter für ihre Charakterisierung herangezogen werden. Die Bombardement-Tektonik bezieht sich auf einen extraterrestrischen Prozess, ein induziertes »Schockereignis«. Die Wärme-Tektonik bezieht sich auf die Temperaturverteilung innerhalb der Erde, und die Wasser-Tektonik auf die physikalisch-chemische Zusammensetzung der Kruste und des Mantels.

Im Folgenden versuchen wir, die großtektonische Entwicklung der Erde nur an die Abkühlgeschichte unseres Planeten zu knüpfen. Mit diesem Temperaturparameter stehen natürlich weitere Kenngrößen, wie Festigkeit und Dichte der verschiedenen Teile der Erde in Zusammenhang.

Die Erde ist, wie alle anderen Planeten, ein stetig kühlender Körper. Die Kühlungsgeschichte wird allerdings überlagert von der Produktion an Wärme durch den Zerfall von radioaktiven Elementen. Das Abkühlen der Erde lässt sich an der Kühlungsgeschichte des Mantels nachvollziehen. Die durchschnittliche Manteltemperatur war im Archaikum mit etwa 1.700 bis 1.800 °C am höchsten, danach kühlte der Mantel auf die heutige Temperatur von etwa 1.500 °C ab. Die Wärmeproduktion durch radioaktive Elemente nimmt mit der Zeit ab, da durch den Zerfallsprozess selbst immer weniger dieser Elemente zur Verfügung stehen. Die Überlagerung von »Kühlkurven« und »Heizkurven« führt zum genannten Temperaturmaximum im Archaikum. Die angegebenen mittleren Temperaturen sind berechnete Richtwerte, decken sich aber gut mit den Temperaturen von Mantelschmelzen bekannten Alters. Archaische Komatiite bildeten sich bei Temperaturen zwischen 1.900 °C und 1.600 °C, während moderne Basalte bei etwa 1.450 °C entstehen. Nun stellt sich die Frage nach der Art des Temperaturabbaus. Die auf der Erde wirksamen tektonischen Prozesse selbst definieren das Ausmaß und die Art der Kühlung. Um in Schlagwörtern zu bleiben: Große Manteldiapire *(mantle plumes)* kühlen den Erdkern, moderne Plattentektonik dagegen kühlt den Mantel. Dreht man den Spieß um, erkennt man die scheinbar gegensätzlichen tektonischen Prozesse auf der Erde. Kühlung des Mantels führt zu Plattentektonik, Kühlung des Kerns zu »Plume-Tektonik«. Unterschiedliche Einschätzungen über die Bedeutung beider Prozesse mögen wohl zu unterschiedlichen Ansichten über den dominanten Modus der Tektonik und über den Beginn der Plattentektonik beitragen. Plume-Tektonik etwa, bietet nur unzureichend Erklärungen für die lineare Anordnung von Gebirgszügen und Subduktionszonen. Zudem verlaufen Änderungen der Bewegungen der Platten zu rasch, um mit Konvektion erklärt werden zu können. Plattentektonik andererseits bietet keine ausreichende Erklärung für die Existenz von regionalen Hot Spot-Zentren. Es spricht aber nichts dagegen, dass beide Prozesse, Plattentektonik und Plume-Tektonik parallel ablaufen können und in verschiedenen Regionen der Erde in unterschiedlichem Maß wirksam waren und noch immer sind. An dieser Stelle sei angemerkt, dass bereits in der ersten Hälfte des 20. Jahrhunderts die Mantelkonvektion, also die Plume-Tektonik, als treibende Kraft der Plattentektonik angesehen wurde. Beide Prozesse könnten also miteinander verknüpft sein.

Die junge Erde war, wie alle terrestrischen Planeten, teilweise geschmolzen. Sie bestand aus einem Magma-Ozean, der rasch kühlte und sich verfestigte. An der Oberfläche dieses Magma-Ozeans entwickelte sich rasch eine erste, hoch viskose, zähflüssige Kruste, die den gesamten Planeten mit einem »stehenden Deckel« (stagnant lid) bedeckte. Unter diesem Deckel zirkulierte niedrig viskoses, dünnflüssiges Magma. Der Deckel selbst war aber zu fest, um zu zerbrechen oder am Fluss des Mantels teilzunehmen. Planeten mit dickem starrem »Deckel« kühlen sehr langsam und haben eine außerordentlich stabile Oberfläche. Sie werden oft als »one-plate planet« bezeichnet; der heutige Mars, aber auch unser Mond fallen in diese Kategorie.

Der stehende Deckel der hadaischen Erde war aber nicht sehr stabil. Zahlreiche Bombardements durch extraterrestrische Körper, wie auch das mehrfach genannte »late heavy bombardment« vor etwa 3,8 Milliarden Jahren, durchbrachen den Deckel und führten zu Umwälzungen im Mantel. Vor allem aber hatte sich rasch eine Dampf-Atmosphäre gebildet, aus der es flüssiges Wasser abregnete. Dies veränderte für immer die Bedingungen auf der Erde, da die Anwesenheit von Wasser den Schmelzpunkt erniedrigt und die Festigkeit von Gesteinen stark herabsetzt. Das vorherrschende tektonische Regime des Hadaikums war das eines »stagnant lid«, der Same für Veränderung war aber bereits gesät.

Während des Magmaozean-Stadiums kühlt ein Planet sehr rasch ab, bis sich ein Gesteinsdeckel gebildet hat. Planeten können sich aber auch aufheizen, wenn genügend radioaktive Elemente vorhanden sind, sodass die produzierte Wärme nicht rasch genug durch den »Deckel« entweichen kann. Dann steigt die Temperatur des Mantels auf einen Wert, der Plattentektonik im weitesten Sinn verhindert. Denn der heftig konvektierende, dünnflüssige Mantel ist vom zähflüssigen Deckel entkoppelt und auch die durch die Mantelbewegung induzierten Spannungen sind zu gering, um den Deckel auseinanderzubrechen. Gleichzeitig bilden sich in diesem Szenarium durch die hohen Temperaturen im Mantel Schmelzen, die die Festigkeit der Kruste herabsetzen. Der Deckel kann mobil werden und teilweise absinken, während heiße, durch Schmelzen neu gebildete Kruste an der Oberfläche auskühlt und sich zu einem neuen stabilen Deckel formt. Dieses »episodische Regime«, das zwischen stagnant lid und Plume-Tektonik pendelte, charakterisierte die archaische Erde und herrscht heute noch auf der Venus. Die Venus wäre ein potentieller Kandidat für Plattentektonik, ihr fehlt aber, im Gegensatz zur Erde, freies Wasser auf der Oberfläche.

Das frühe Archaikum war definitiv zu heiß für jede Form der Plattentektonik. Ab dem Mesoarchaikum (vor 3,2 Milliarden Jahren) begann der Mantel deutlich abzukühlen und Schmelzen hatten die Kruste aufgeweicht. Vor 2,7 Milliarden Jahren haben sich die ersten archaischen Granit-Grünstein-Gürtel gebildet, die als ein erstes Indiz für das Einsetzen einer frühen Form der Plattentektonik gewertet werden können. Im Gegensatz zur »modernen Plattentektonik« waren die Subduktionszonen nicht scharf begrenzt und es existierten noch keine linearen Strukturen, wie durchgehende mittelozeanische Rücken. Die verstreuten, absinkenden Platten folgten vielmehr dem thermisch induzierten Fluss des Mantels – daher auch der Begriff »Wärmetektonik« oder »Plume-Tektonik«. Diese frühe Plattentektonik erlebte offensichtlich einige »Fehlstarts« und zwischen 2,4 und 2,2 Milliarden Jahren, während der »Crustal Age Gap«, scheint sie vollständig eingeschlafen zu sein.

Die Plattentektonik ist ein äußerst effektiver Mechanismus, um einen Planeten zu kühlen. Durch Ozeanbodenspreizung (»seafloor spreading«) wird Wärme aus dem Inneren der Erde an die Oberfläche abgeführt und gleichzeitig wird durch die Subduktion von kalter Kruste der Mantel und der Kern gekühlt. Dieser sich selbst verstärkende Prozess ist derart effektiv, dass manche Autoren meinen, Plattentektonik sei wie ein Virus, der sich rasant ausbreitet. Mit dem Ende des Archaikums war der Mantel soweit abgekühlt, dass prinzipiell moderne Plattentektonik überall auf der Erde möglich gewesen wäre. Allerdings hatten sich bereits die ersten Superkontinente gebildet gehabt, die über lange Zeiträume hinweg sehr stabil waren. Der Superkontinent Nuna begann sich vor etwa 2 Milliarden Jahren zu bilden und wurde, mit nur geringen Änderungen, in den nächsten Superkontinent Rodinia überführt. Es bildete sich ein weiterer »Deckel«, dieses Mal aus kontinentaler Kruste, der als Isolationsschild wirkte. Die relativen Plattenbewegungen waren in dieser Zeit der »Boring Billion« so gering, dass manche Autoren von einem stabilen »continental lid« sprechen, unter dem sich der Mantel erhitzte. Mantelkonvektion und »Plume-Tektonik« wurden dadurch gefördert. An den Rändern der Großkontinente fanden gleichzeitig Subduktionsprozesse statt, wie wir aus der Anordnung von linearen Gebirgen wissen.

Erst mit dem Zerfall von Rodinia vor etwa 800 Millionen Jahren änderte sich diese Situation. Die Isolationsschilde Rodinia und Gondwana zerfielen rasch hintereinander. Ozeane öffneten sich und schufen gewaltige Mengen an mittelozeanischen Rücken, die den Mantel kühlten. Gleichzeitig beschleunigten sich die Bewegungen der Platten. Moderne Plattentektonik konnte allerdings erst ab dem Moment beginnen, als die Erde noch weiter abgekühlt war und die Lithosphäre gravitativ instabil wurde. Dazu musste sich erst eine dünne ozeanische Lithosphäre bilden, die soweit abgekühlt war und soweit an Dichte zugenommen hatte, dass sie begann in den asthenosphärischen Mantel zu sinken. Die archaische Kruste erfüllte diese Voraussetzungen nicht, denn die Temperatur des Mantels war während des Archaikums, und wahrscheinlich auch während des frühen Proterozoikums, noch zu hoch. Die verstärkte Bildung von Schmelzen hatte im Archaikum eine dickere, heißere, und damit leichtere ozeanische Kruste geschaffen, die sich der Subduktion im modernen Sinn widersetze. Dieser Prozess wird »trench lock«, also das blockieren eines Subduktionsprozesses genannt. Die Anwesenheit von Wasser, gemeinsam mit einer gravitativ instabilen Lithosphäre, ist Voraussetzung für moderne Plattentektonik. Wasser verringert die Festigkeit von

Gesteinen, erniedrigt den Schmelzpunkt und erhöht die Fließfähigkeit des Mantels. Somit wurde eine Gleitbahn geschaffen, die hochviskose »low velocity zone« an der Basis des lithosphärischen Mantels, über der sich die steifen Platten bewegen konnten.

EXPANSION UND REVOLUTION IN DER LEBEWELT

Die frühesten Organismen hatten als einzellige Formen nur äußerst geringe Chancen, fossile Spuren zu hinterlassen. Daher werden die Fragen, auf welche Art und zu welcher Zeit der Progenot (= hypothetischer Urahn des Lebens) entstanden ist, wohl nie mit Sicherheit zu beantworten sein. Auch geht man davon aus, dass die Progenoten eher als Population aufzufassen sind, deren genetische Informationen durch Gentransfers übertragen werden konnten. Unter der ungesicherten Annahme, dass während der chemischen Evolution etwa zehn Gene interagierten, Progenoten bereits etwa 50 Gene besaßen und die späteren RNA-Welt-Organismen die Anzahl der Gene verdoppelt hatten, dürfte LUCA (»last universal common ancestor«), der über eine DNA-Maschinerie verfügt hat, bereits über 300 Gene (= Einheit der im Erbgut enthaltenen Information, die zur Bildung von Proteinen und RNA-Moleküle dient und in veränderter oder unveränderter Form an Tochtergenerationen weitergegeben wird) gehabt haben.

Mit den Nachkommen von LUCA begann der freie Wettbewerb um Nahrung, Lebensraum und Reproduktion: Damit setzte das Szenario der von Charles Darwin (1809–1882) formulierten Vorstellung der biologischen Evolution ein, ein Prozess, der bis heute anhält und fortbestehen wird, so lange es Leben gibt. Organismen »kämpfen« in ihrer Umwelt um das Überleben. Dabei ist ihr Hauptgegner die natürliche Selektion, die gnadenlos nur die Konkurrenten bevorzugt, die besser an die (momentanen) Umweltbedingungen angepasst (adaptiert) sind. Das Leben selbst hat aber auch seine Unzulänglichkeiten, denn bei der Reproduktion können Veränderungen des Genoms (= Gesamtheit der vererbbaren Informationen einer Zelle) auftreten, die man als »Mutationen« bezeichnet. Sie sind zufällig und werden durch Fehler während der DNA-Replikation, oder durch externe Beeinflussungen (elektromagnetische Strahlung, chemisches Umfeld) ausgelöst. Ob Veränderungen letztendlich als positiv oder negativ zu bewerten sind, entscheidet alleine das Urteil des ständigen Wettbewerbs. Der selektive Vorteil muss nicht groß sein, denn auch kleine adaptive Vorteile können einen etwas ineffizienteren Prozess in seiner Wirkung übertreffen: In der Natur gilt nur das Optimierungsprinzip, das zur Folge hat, dass auf diese Weise andere, besser adaptierte Lebewesen entstehen können.

Die von LUCA ausgehende Abstammungslinie spaltete sich früh in die beiden Hauptgruppen der Archaea und Bacteria auf. Beide werden als Prokaryota, also als Lebewesen ohne Zellkern, bezeichnet. Die Archaea (griechisch *archaīos* = uralt, ursprünglich), oft auch als Archaebakterien bezeichnet, stellen viele »Extremsportler« unter den Lebewesen. Sie sind in Habitaten (= Lebensräumen) zu finden, die für andere nicht lebenswert sind. Die Extremophilen unter ihnen fühlen sich bei physikalischen Bedingungen wohl, die wir als »extrem« bezeichnen: Sie leben bei Temperaturen über 110 °C, kommen also in heißen vulkanischen Quellen und submarinen Hydrothermalfeldern auf mittelozeanischen Rücken vor. Einige leben auch in extrem salzigen Umgebungen, wie im Toten Meer, in Salzgewinnungsanlagen, oder sogar im Streusalz auf unseren Straßen. Für andere unter ihnen stellen eisige Kälte, hohe Druckbedingungen, ätzende Säuren oder scharfe basische Lösungen – sogar die von Menschen erzeugten Cocktails an Umweltgiften – kein Problem dar. Eine weitere Gruppe unter den Archaea, die Methanogenen, bevölkern Sauerstoff-freie Umgebungen, wo sie Kohlenstoffdioxid und Wasserstoff zu Methan (CH_4) und Wasser umsetzen, um dabei Energie zu gewinnen. Sie sind nicht nur die bedeutendsten Methanproduzenten im schlammigen Sediment der tiefen Seen und Meere, sondern kommen auch im Verdauungstrakt der Wiederkäuer und Termiten vor.

Da die Archaea mit Umweltbedingungen zurechtkommen, die den ursprünglichen Gegebenheiten auf der Erde entsprochen haben mögen, wie hohe Temperatur, Acidität, Alkalinität, fehlender Sauerstoff, etc., vermutete man lange, dass diese Organismen damals schon in ähnlicher Form existierten. Tatsächlich haben die Methanogenen unter ihnen über viele hunderte von Millionen Jahren Unmengen am Treibhausgas Methan produziert, ehe sie von den Sauerstoff-produzierenden Mikroben (Cyanobakterien) spätestens vor 2,3 Milliarden Jahren auf dramatische Weise zurückgedrängt wurden. Es ist sehr wahrscheinlich, dass wir es ihnen zu verdanken haben, dass in den ersten eineinhalb Milliarden Jahren die Oberflächentemperaturen nicht soweit absanken, dass unser »Bio«-Planet einen Kältetod gestorben wäre, denn die Sonne hatte während ihrer frühen Phase nur etwa 70 % ihrer heutigen Strahlungsleistung.

Die zweite Gruppe der Prokaryota, die Bacteria, umfasst neben einigen uns wohlbekannten Krankheitserregern (Tuberkulose, Diphterie, Lungenentzündung, etc.) auch solche Formen, die beispielsweise dem menschlichen Mikrobiom (= Gesamtheit aller den Menschen besiedelnden Mikroorganismen) angehören. Ohne die letztgenannten wäre unter anderem eine reibungslose Verdauung nicht möglich, da sie eine Vielzahl von Enzymen liefern, die uns helfen, die Nahrung zu zerlegen. Sie produzieren für uns auch zusätzlich im Darm Vitamine und kurzkettige Fettsäuren. Wir kennen aber auch eine unglaubliche Vielzahl an Vertretern der Bacteria, die ähnlich einigen Archaea, in großer Individuendichte an vielen extremen Standorten vorkommen, da sie über ein breites Spektrum an verschiedenen Energiestoffwechseln verfügen.

Heute glaubt man in den Archaea eine gegenüber den Bacteria eher weiterentwickelte und nicht, wie zuvor angenommen, eine ursprünglich-konservative Gruppe zu sehen. Folgt man dieser Vorstellung, dann mussten es die ältesten Bacteria gewesen sein, die unter anaeroben (= ohne Sauerstoff) Bedingungen sich in den submarinen Hydrothermallandschaften ernährt und Biomasse gebildet haben. Bei der sogenannten »chemolithotrophen« Ernährung liefert die Oxidation von anorganischen Stoffen (z. B. H_2S, NH oder H_2) die Energie. Ein Beispiel wären die sulfatreduzierenden Bakterien (wie *Desulfovibrio desulfuricans*), die Energie aus Wasserstoff und Schwefelsäure gewinnen: $4 H_2 + H_2SO_4 \rightarrow H_2S + 4 H_2O$.

Später konnten auch einige Formen Areale außerhalb der heißen Quellen bevölkern, nachdem sie die Fähigkeit entwickelt haben, ihren Stoff- und Energiebedarf organotroph zu decken, indem sie organische Stoffe als Wasserstoff-Donatoren (stellt Elektronen zur Verfügung) heranzogen. Nachdem sich Bacteria asexuell sehr schnell vermehren können, führte die rasch ansteigende Populationsdichte schließlich zur Verknappung von Nährstoffen. Als Reaktion auf die schwindende Verfügbarkeit von Phosphor haben die Zellen die Fähigkeit entwickelt, körpereigenes ATP (= Adenosintriphosphat; universeller und unmittelbar verfügbarer Energieträger) aufzubauen, um dadurch die gewonnene Energie unabhängig von der »Außenwelt« speichern zu können.

Während der Entwicklung der Prokaryoten hat horizontaler Gentransfer stattgefunden. Das bedeutet, dass die Weitergabe von genetischem Material an andere – auch nicht verwandte (!) – Arten möglich ist und nicht ausschließlich auf die nachfolgende Generation (vertikaler Gentransfer). Zwei wesentliche Mechanismen der horizontalen genetischen »Datenübertragung« sind bedeutend: Die Konjugation und die Transformation. Bei der Konjugation findet ein regulärer Genaustausch zwischen verwandten Organismen statt. Sie ist den »üblichen« sexuellen Prozessen vergleichbar. Über sogenannte »Pili« (lateinisch *pilus* = Haar, Faser) kommt es zum direkten Zellkontakt zwischen Individuen und der Transfer von genetischem Material wird dadurch ermöglicht. Es können aber auch freie DNA-Moleküle direkt vom Organismus aufgenommen werden. Dieser als Transformation bezeichnete Mechanismus ist nicht selektiv und unter heutigen Mikroben relativ weit verbreitet. Die aufgenommene Fremd-DNA muss allerdings erst durch Rekombination in die Erbsubstanz des Empfängers eingebaut werden, denn sonst würden erworbene DNA-Bereiche auch nicht vervielfältigt werden und gingen wiederum verloren. Bakterienzellen, die freie DNA aufnehmen und inkorporieren können, werden als »kompetent« bezeichnet. Dieser »Kompetenz« stehen bei vielen Mikroben unterschiedlich sensibel reagierende Modifizierungs- und Restriktionssysteme gegenüber, die man als eine Art Immunsystem ansehen kann: Nukleinsäure-abbauende Enzyme (Nukleasen) können aktiv werden, wenn die importierte DNA auf Grund stark abweichender Merkmale als »Kontamination« der Erbsubstanz erkannt wird. Geht man davon aus, dass die frühen Formen einen hohen »Kompetenzgrad« hatten, dann ist auch eine rasche Entwicklung vielfältiger evolutiver Neuerungen in den Anfangszeiten der Prokaryoten durch die hohe Bereitschaft Transgene (= Gene einer anderen Spezies) aufzunehmen, leicht nachvollziehbar.

Wenngleich diese frühen Evolutionsschritte nicht durch Fossildokumente belegt sind, kann man die »genetischen Hinterlassenschaften« der ersten Lebewesen im Erbgut heutiger Organismen aufspüren und sie mittels mathematischer Modelle zurückverfolgen. Dabei zeigte sich aus der Untersuchung von tausenden Genfamilien (= identische bzw. weitgehend ähnlichen Gene, die während der Evolution durch »mutative« Genduplikationen entstanden sind) von 100 Genomen (= Gesamtheit der vererbbaren Informationen einer Zelle), dass es vor 3,3 bis 2,8 Milliarden Jahren zu einem rapiden Anstieg neuer Gene gekommen ist. Diese rasche Entwicklung, bei der 27 Prozent aller heute existierenden Genfamilien entstanden sind, wird als »Archaische Expansion« bezeichnet. Die im Zuge dieser Innovationsphase neu entstandenen Gene bedeuteten einen großen Fortschritt für die Entwicklung des Lebens, denn zu dieser Zeit dürfte auch die »Elektronentransportkette« entstanden sein. Sie stellt einen für die Energiegewinnung äußerst bedeutenden biologischen Prozess dar, bei dem Elektronenübertragung über eine Stufenfolge mehrerer Redoxsysteme (= chemische Reaktionen, bei denen Elektronenabgabe (Oxidation) sowie Elektronenaufnahme (Reduktion) erfolgt), mittels bestimmter chemischer Verbindungen an Biomembranen stattfindet: Die an den Grenzflächen der Membrane existierenden elektrochemischen Ionengradienten werden zur Energiegewinnung bei der Fotosynthese und Sauerstoffatmung erschlossen. Die Prozesse der Fotosynthese und der Atmungskette sind in vielerlei Hinsicht ähnlich. Der Hauptunterschied liegt allerdings im Ursprung der energiereichen Elektronen. Während diese bei der Atmungskette durch Oxidation von Brennstoffen entstehen, werden sie bei der Fotosynthese durch Lichtanregung von Pigmenten (Chlorophyll) gebildet.

Zunächst war den Bakterien die Entwicklung spezieller Pigmente (Bakteriochlorophylle) gelungen, mit denen die Nutzung von Sonnenenergie in Stoffwechselenergie umsetzbar wurde. Allerdings waren sie zunächst auf stärker reduzierte Verbindungen, wie z. B. Schwefelwasserstoff (H_2S), Wasserstoff (H_2), Eisen-II-Verbindungen oder einfache organische Stoffe angewiesen. Immerhin: Damit wurde es den Prokaryoten möglich, sich zu fotoautotrophen Organismen (griechisch *photós* = Licht, *autos* = selbst und *trophe* = Ernährung) zu verändern. Die genannte Form der Stoff- und Energiewandlung wurde noch getoppt, als die Organismen das Wasser, das in Hülle und Fülle in ihrer Umgebung vorhanden war, als Reduktionsmittel bzw. Elektronenquelle zur Kohlenstoffdioxidfixierung nutzbar machten. Diese geniale »Erfindung«, die den Cyanobakterien (griechisch *kyanós* = blau) erstmals gelang, war für die weitere Evolution des Lebens von immenser Bedeutung. Im Zuge der zumeist vereinfacht nur »Fotosynthese« genannten Reaktionsketten konnten die ersten Cyanobakterien aus Kohlenstoffdioxid (CO_2) und Wasser mithilfe von Lichtenergie zunächst etwa Formaldehyd $CO_2 + H_2O \rightarrow CH_2O + O_2$ synthetisieren, später

D-Glucose ($C_6H_{12}O_6$): $6\ H_2O + 6\ CO \rightarrow C_6H_{12}O_6 + 6\ O_2$. Entscheidend dabei ist, dass – quasi als »Abfallprodukt« – Sauerstoff erzeugt wird! Ab wann diese wohl wichtigste chemische Reaktion der Natur von den Cyanokaterien aufgenommen wurde, ist nicht bekannt, sie dürfte aber bereits vor über 3,5 Milliarden Jahren begonnen haben. Untersuchungen an Molybdän-Isotopen, die nur durch die Oxidation von Mangan entstehen können, weisen in Sedimenten der »Pongola Supergroup« im nordöstlichen Südafrika jedenfalls darauf hin, dass vor 2,95 Milliarden Jahren im Meer bereits genügend biogen gebildeter freier Sauerstoff (O_2) zur Verfügung stand. Die Entgasung aus den Ozeanen erfolgte naturgemäß zeitverzögert, denn zunächst wurde O_2 chemisch sofort von anderen Stoffen der Umgebung zur Reaktion herangezogen. Speziell bei der Oxidation von zweiwertigem Eisen zu dreiwertigem Eisen, also bei der Bildung der schwer wasserlöslichen Fe(III)-Verbindungen wurde quantitativ O_2 gebunden. Aber auch für die Oxidation von Schwefelwasserstoff bzw. sulfidischer Schwermetallminerale wie FeS und FeS_2 zu Fe_2O_3 und SO_4^{2-} wurde O_2 benötigt. Die Bändererze (Banded Iron Formation = BIF), die den größten Anteil an kommerziell abbaubaren Eisenlagerstätten ausmachen (geschätzte Ressourcen: 150 Milliarden Tonnen), geben noch heute Zeugnis von dieser Etappe der Erdgeschichte: Erst als praktisch das gesamte Eisen zu dreiwertigen Eisen (Fe^{3+}) oxidiert und in stabilen Hämatit (Fe_2O_3) überführt wurde, war die Abgabe von O_2 auch in nennenswerten Mengen in die Atmosphäre möglich. Der Sauerstoffanstieg ist keinesfalls als linearer Prozess zu verstehen, weder während der Anfangszeiten im Wasser der Ozeane, noch später in der Atmosphäre. Alleine die Bänderung der BIFs, also die Wechsellagerung von grauen und roten Sedimentlagen, macht dies ersichtlich: Während ungünstiger Bedingungen für die Bakterien (z. B. niedrigere Temperatur, weniger Nahrungsangebot, etc.) wurden vorrangig Tone und Kieselsäure-Gel abgelagert (graue Lagen). Dagegen konnten zu Zeiten der regen oxygenen Fotosynthese Eisenoxide/Oxidhydrate gefällt werden, die sich als rotes, eisenreiches Sediment absetzten. Ab dem Zeitpunkt, ab dem praktisch das gesamte Fe^{2+} der Meere verbraucht war, reicherte sich freies O_2 zunächst in den oberflächennahen Wasserschichten an und entwich schließlich in die Atmosphäre. Warum fast eine Milliarde Jahre zwischen dem Aufkommen der Cyanobakterien, angedeutet durch die ersten Oxidationsprozesse in den Ozeanen, und der Freisetzung des Sauerstoffs in die Atmosphäre vergehen mussten, stellt allerdings ein Rätsel dar, das jüngste Untersuchungsergebnisse vielleicht lösen könnten. Ein Erklärungsansatz geht davon aus, dass es durch die über hunderte von Jahrmillionen hinweg erfolgte Zufuhr an gelöstem zweiwertigen Eisen zu einer »Überpräsenz« dieses Elements in den Ozeanen gekommen war. Das Eisen, das heute in den Meeren eher Mangelware ist, war während der frühen Erde, als die Differentiationsprozesse im Erdinneren noch nicht abgeschlossen waren, durch die rege Tätigkeit submariner Vulkane entlang der mittelozeanischen Rücken in die Weltmeere gefördert worden. Detaillierte Untersuchungen der Sedimentabfolgen innerhalb der BIFs weisen darauf hin, dass Perioden höherer Eisenkonzentrationen im Meerwasser mit Hinweisen auf geringere Sauerstoff-Freisetzung, d. h. mit verminderter Aktivität oxygener Fotosynthese korrelieren. Diese Tatsache wiederum stimmt gut mit Laborversuchen an Arten der marinen Cyanobakterien-Gattung *Synechococcus* überein, die sowohl das Wachstum als auch die Produktion an O_2 stark dezimieren, sobald sie mit zweiwertigem Eisen konfrontiert werden. Dazu genügen Konzentrationen von 50 bis 100 Mikromol (µmol = ein Millionstel Mol) zweiwertigen Eisens pro Liter im Wasser. Zum Vergleich: Die »Eisenwerte« eines Menschen liegen zwischen 20 bis 25 µmol pro Liter Blut. Wiederholte pulsartige Schübe von vulkanischen Eisenausstößen haben demnach immer wieder die Produktion größerer Mengen an O_2 unterbunden. Erst als die vulkanischen Aktivitäten während des »Crustal Age Gap« (siehe Kapitel »Wachstum der

Kontinente und Superkontinent-Zyklen«) nachließen, bzw. weniger Fe^{2+} freigesetzt wurde, erreichte die biogene Sauerstoffproduktion kritische Werte in den Ozeanen, sodass es vor etwa 2,4 Milliarden Jahren schließlich zur sogenannten »Großen Sauerstoffkatastrophe«, bzw. »Sauerstoff-Krise« (Great Oxidation Event) kam.

Die andere Vorstellung, warum schlagartig der Sauerstoffgehalt so stark anstieg, um letztlich in einer »Katastrophe« zu enden, geht davon aus, dass zu dieser Zeit die Cyanobakterien komplexe Kolonien mit spezialisierten Zellen zu bilden begannen. Mit diesem Schritt optimierten sie ihren Stoffwechsel, produzierten dadurch aber auch vermehrt das Abfallprodukt O_2. Generell behindert Sauerstoff die für Stoffwechselprozesse lebensnotwendige »Stickstofffixierung«, bei der Stickstoff unter hohem Energieaufwand enzymatisch zu Ammonium-Ionen (NH_4) reduziert wird. Diese Ionen wiederum sind Grundstoffe für den Aufbau von Aminosäuren und Amiden (= Verbindungen, die sich formal von Ammoniak ableiten) benötigt werden. Während einzellige Cyanobakterien einen Tag-/Nachtrhythmus haben, bei dem die Fotosynthese jeweils tagsüber, die Stickstofffixierung nachts stattfindet, ist es den »mehrzelligen« Cyanobakterien auch tagsüber möglich, beide Prozesse ablaufen zu lassen. Dafür mussten aber innerhalb des Kolonieverbandes räumlich getrennte, spezialisierte Zellen (= Heterocysten) zur Stickstofffixierung entwickelt werden, die die umliegenden Zellen mit Stickstoffverbindungen für die Proteinherstellung versorgen. Auf diese Art entstand einer der ersten mehrzelligen Organismen der Erdgeschichte. Mit dem Übergang vom Einzeller zum Mehrzeller vollzog sich zudem ein wichtiger Schritt in der Evolution des Lebens, denn endgültig differenzierte Zellen, wie die Heterocysten der Cyanobakterien müssen zum Wohl der gesamten Einheit auf die eigene Vermehrung verzichten und können daher ihre Gene nicht weitergeben.

SAUERSTOFF:
KRISE UND CHANCE ZUGLEICH

Die gesteigerte Sauerstoffproduktion durch die »Ur«-Cyano-
bakterien führte zu einer wahren Revolution in der damaligen Lebewelt und veränderte schließlich auch das Erscheinungsbild der kontinentalen Oberflächen unseres Planeten.
Das O_2 war für die überwiegende Mehrheit der Organismen
giftig, denn sie waren nicht darauf eingestellt, das reaktions-
freudige Gas in ihrer Umgebung anzutreffen. Zusätzlich
durch die UV-Strahlung des Sonnenlichts aktiviert, griff das
O_2 jedes Biomolekül an, das nicht stabil genug war, den Oxi-
dationsattacken standzuhalten. Es zersetzte Membranlipide,
oxidierte Proteine und spaltete DNA- und RNA-Moleküle.
Die von der Lebewelt selbst herbeigeführte Umweltkatastrophe endete im vielleicht größten Massenaussterben (»Mass
Extinction«) in der bisherigen Erdgeschichte, bei dem ein
Großteil der obligat anaeroben Organismen ausgelöscht
wurde. Einige Mikroben hatten aber offensichtlich bereits zu
Zeiten, als O_2 bereits gebildet, aber stets für Oxidationsvor-
gänge (z. B. für die Bildung der BIFs) verbraucht wurde, spezielle Enzyme (Peroxidasen) entwickelt, die die toxische Wirkung des O_2 ausgeschaltet haben. Das hat einigen das Überleben gesichert, während andere Mikroben, die diese Anpassungen »versäumt« hatten, sich in Refugien in der Tiefsee
oder in extreme Standorte zurückziehen mussten.

Mit dem dramatischen Absterben der sauerstoffsensitiven
Mikroben-Populationen in den Weltmeeren wurden ökologische Nischen frei, die von jenen Einzellern nahezu uneinge-
schränkt genutzt werden konnten, die eine gewisse Resis-
tenz gegen das O_2 erworben hatten. Schließlich entwickelten
zudem manche Mikroben, die sich organotroph (= von organischen Stoffen) ernährten, spezielle Systeme, mit denen sie
den Sauerstoff nicht nur für sich unschädlich, sondern sogar

für den eigenen Energiestoffwechsel nutzbar machen konnten. Dieser Schritt in der biologischen Entwicklung ist insofern bedeutend, weil damit das Fundament unseres eigenen, auf »Verbrennung« kohlenstoffhaltiger Bestandteile der Nahrung (Kohlehydrate, Fette) beruhenden Stoff- und Energiewechsels errichtet wurde. Einer Gruppe der organotrophen Mikroben gelang jedenfalls die Koppelung des Abbaus von Nährstoffen mit Proteinen in den Cytoplasma-Membranen. Die Membranproteine transportieren die bei der »Verdauung« anfallenden Elektronen unter Nutzung der Ionengradienten an der Membran hin und her und geben diese schließlich an den Sauerstoff ab. Das O_2 dient dabei als Oxidationsmittel, das selbst reduziert wird und sich mit Wasserstoff zu Wasser verbindet. Vereinfacht kann der Vorgang am Beispiel, wie in einer Zelle Glucose (= »Traubenzucker«, $C_6H_{12}O_6$) unter Verbrauch von Sauerstoff (O_2) und der Gewinnung von Energie zu Kohlenstoffdioxid (CO_2) und Wasser (H_2O) abgebaut wird, mit der bekannten chemischen Gleichung beschrieben werden: $C_6H_{12}O_6 + 6\,O_2 \rightarrow 6\,CO_2 + 6\,H_2O$ + Energie. Tatsächlich ist aber diese Reaktionsgleichung nur die »Zusammenfassung« einer komplexen Prozessabfolge, die in vielen Einzelschritten an unterschiedlichen Orten der Zelle abläuft. Der eigentliche Hintergrund der »aeroben Atmung« ist nicht die Gewinnung von Kohlenstoffdioxid und Wasser, wie das die Gleichung auf den ersten Blick suggeriert, sondern – wie bei der Fotosynthese – die Bereitstellung von Energie in Form eines leicht verfügbaren Energieträgers, nämlich des Adenosintriphosphats (ATP). Das ATP besteht aus dem Adenosin-Molekül (Adenin und Ribose), das mit drei Phosphatgruppen verbunden ist, wobei die Bindungen zwischen den Phosphatgruppen sehr energiereich sind und daher das ATP als Energiespeicher ausweisen. Wird eine der drei Phosphatgruppen aus dem ATP durch Hydrolyse (= Spaltung durch Reaktion mit Wasser) abgetrennt, so setzt sich die gespeicherte Bindungsenergie frei und kann chemischen, osmotischen oder mechanischen Prozessen zur Verfügung stehen. Unter Wasseraufnahme wandelt sich das ATP in Adenosindiphosphat (ADP) und einen anorganischen Phosphatrest P_i unter Freisetzung von Energie um: ATP + H_2O → ADP + P_i + Energie.

Ist das gespeicherte ATP der Zellen aufgebraucht, wird neues ATP durch den »rückläufigen« (reversiblen) Prozess »wiederhergestellt«. Das bedeutet, dass unter Zufuhr von Energie einem ADP-Molekül wieder ein anorganischer Phosphatrest angefügt wird: ADP+ P_i + Energie → ATP + H_2O.

ATP ist also eine energiereiche Verbindung, für deren Herstellung Energie bereitgestellt werden muss. Die benötigte Energie wird, wie bereits erwähnt, aus der »Verbrennung« von »Traubenzucker« (Glucose) gewonnen. Dieser auch als »Zellatmung« bezeichnete Vorgang ist ein sehr komplexer Ablauf, der in einigen Reaktionsschritten erfolgt. Zunächst werden makromolekulare Stoffe in ihre Grundbausteine (z. B. Stärke in Glucose, Proteine in Aminosäuren) zerlegt, ehe es während der sogenannten Glycolyse im Cytoplasma zum Abbau von Glucose in einfachere, aber immer noch energiereiche Verbindungen kommt. Dabei werden aus einem Glucose-Molekül zwei Pyruvat-Moleküle ($C_3H_3O_3$) hergestellt und gleichzeitig zwei ATP-Moleküle gewonnen. Im nächsten Schritt, dem Citrat- oder Zitronensäurezyklus, werden die Endprodukte aus der Glycolyse weiter oxidiert, wobei Wasserstoff gewonnen wird. Wasserstoff liegt aber nicht in gasförmiger Form vor, sondern wird chemisch an Überträger (z. B. Nicotinamid-Adenin-Dinucleotid = NAD) gebunden. Dabei entsteht die reduzierte Form $NADH_2$: NAD + 2 H → $NADH_2$. Diese Reaktion ist reversibel. Im folgenden Schritt, den man als Atmungskette bezeichnet, werden die wasserstoffreichen Verbindungen des Citratzyklus (das $NADH_2$) zur Membran, bzw. zu entsprechenden Einstülpungen in der Membran (= Mesosom) transportiert, wo sie ihren Wasserstoff an Sauerstoffmoleküle abgeben und Wasser bilden: 2 $NADH_2$ + O_2 → 2 NAD + 2 H_2O + Energie. Diese chemische Reaktion, die gelegentlich vereinfachend auch »biologische Knallgasreaktion« bezeichnet wird, ist stark exotherm (= chemische Reaktion, bei der Energie abgegeben wird). Die bei der »Endoxidation« frei werdende Energie wird für den Aufbau von größeren Mengen ATP verwendet.

Mit der Zellatmung gelang dem Leben eine weitere grandiose »Erfindung«, die sich wiederum als »revolutionär« erweisen sollte, denn plötzlich konnten die Organismen eine weitaus größere Energieausbeute aus dem Stoffwechsel erzielen. Man stelle sich vor: Mikrobieller Abbau organischer Stoffe war vor dem Great Oxidation Event (= GOE) nur durch Gärung (= biotischer Energiestoffwechsel *ohne* Einbeziehung von Sauerstoff) möglich. Die Energie-Ausbeute beim Gärungsvorgang beträgt zwei ATP, da der Abbau von Glucose praktisch im »Glycolyse-Stadium« stecken bleibt. Bei der Zellatmung fällt dagegen 19 Mal so viel Energie (36 bis 38 ATP) an! Für die Evolution komplexerer Lebewesen sollte die »Sauerstoffkatastrophe« zum entscheidenden Schritt werden, denn sie war letztendlich die Voraussetzung dafür, dass sich das »höhere« Leben, wie wir es heute kennen, überhaupt entwickeln konnte.

Mit dem neuen Energiestoffwechsel waren »atmende« Organismen aber auch auf Nahrungsquellen angewiesen, die sie mit dem Sauerstoff »verdauen« konnten. Zunächst hatten die Bakterien Verdauungsenzyme außerhalb der Zelle gebildet, um die Bindungen von langkettigen Biopolymeren in kleinere Sequenzen zu zerschneiden, damit diese anschließend die Membran über »Transportproteine« passieren können. Wahrscheinlich war es aber nur eine Frage der Zeit, ab wann die Verknappung der Ressourcen an toter Biomasse dazu geführt hatte, dass die ersten »Räuber« in Erscheinung traten und sich an lebenden »Produzenten« und eigenen Kollegen vergingen. Unter den heute vorkommenden Bakterien kennt man Formen (Myxobakterien), die »im Rudel« jagen gehen: Sie schwärmen aus und sondern dabei sogenannte lytische Enzyme (griechisch *lýsis* = Auflösung) ab, die die Zellwände anderer Bakterien zersetzen und damit abtöten. Auch andere Strategien sind bekannt, wie das ektoparasitäre Verhalten einiger »Aggressoren«, die sich von außen an die Beute anheften und danach das Innere ihrer Opfer auszusaugen beginnen. Endoparasiten (griechisch *endon* = innen, *para* = neben und *siteisthai* = essen) dagegen durchdringen die Membransysteme ihrer Beute, um nach dem Eindringen auf Kosten der Wirtszelle ihre Wachstums- und Vermehrungsphase einzuleiten.

Im zeitlichen Umfeld des GOE haben Mikroben aber auch eine noch ganz andere Strategie entwickelt, nämlich Nahrung direkt in den eigenen Körper einzuverleiben. So einen Vorgang nennt man Phagozytose (griechisch *phagein* = fressen und *cýtos* = Zelle). Allerdings ist dieser Ausdruck für Vorgänge gebräuchlich, die nur bei Zellen mit stark strömendem Cytoplasma (= die Zelle ausfüllende ± flüssige Grundsubstanz) zum Tragen kommen. Heutige Prokaryoten besitzen festes Cytoplasma und sind daher nicht in der Lage, feste Stoffe aufzunehmen. Dennoch muss so ein Vorgang einer Gruppe der damaligen Archaeen geglückt sein. Vielleicht war es zunächst ein »Unfall«, dem ein unerwarteter glücklicher Ausgang – ja einer der bedeutendsten Quantensprünge in der Evolution folgte: Vor mehr als zwei Milliarden Jahren »verschluckte« sich ein Archaeon während der Einverleibung eines Vertreters aus dem »Nachbarstamm« der Bacteria. Dieses Bakterium ließ sich aber unerwarteter Weise nicht verdauen, sondern lebte fortan als nutzbringender »Gast« im Cytoplasma des Archaeons weiter. Der Vorgang der Inkorporation einer Bakterienzelle in einer Archaeen-Zelle, den man zunächst als »Endosymbionten-Theorie« formulierte, gilt heute im Lichte molekularbiologischer Forschungen als gesichert. Es muss aber nicht unbedingt eine »kriminelle« Handlung gewesen sein. Vielleicht war es eine Liaison zwischen Archaea und Bacteria, aus der die Domäne der Eukaryota hervorging. Zu den Eukaryota gehören unter anderem alle Pflanzen, Pilze und Tiere – und natürlich wir Menschen. Die meisten Bacteria können gelöste organische Verbindungen für ihren Energiestoffwechsel aufnehmen. Archaea dagegen verfügen nicht über entsprechende Importsysteme an der Membran, womit ihnen diese bakterielle Ernährungsweise auch nicht möglich ist. Andererseits können die methanogenen Archaeen molekularen Wasserstoff, Kohlendioxid und gelegentlich auch Acetat verwerten. Diese Stoffe fallen beim Abbau organischer Stoffe unter Sauerstoffabschluss (Gärung) durch Bacteria an. Das wiederum lässt folgende Kausalkette denkbar erscheinen: Ein methanogenes Archaeon, das H_2 benötigt, hätte eindeutig einen Vorteil aus einer räumlich engen Beziehung zu einem aus Gärungsprozessen Energie gewinnenden Bakterium gezogen. Es hätte sich zudem für das Archaeon die Möglichkeit eröffnet, den eigenen Lebensraum zu erweitern und in neue Gebiete vorzudringen, nachdem es nunmehr einen »persönlichen« Wasserstoffproduzenten fest an sich gebunden wusste.

Egal was der Auslöser für das Arrangement aus Archaeon und Bacterium war, Tatsache ist, dass für eine dauerhafte Interaktion ein Weg gefunden werden musste, der die Übergabe gelöster Substrate auf die Wirtszelle regelte. Das konnte nur durch horizontalen Gentransfer vom Bakterium zum Archaeon erfolgt sein. Der Endosymbiont, also das Bakterium, hat im weiteren Verlauf wohl sukzessive weitere Gene an den Wirt verloren, bis ihm schließlich praktisch nur noch die für die Atmungskette notwendigen verblieben sind. Damit hatte sich der Endzustand des ursprünglichen Bakteriums eingestellt: Es ist zum »Mitochondrium« bezeichneten Zellorganell der eukaryotischen Zellen geworden. Die wesentliche Aufgabe dieser Einheit ist die aerobe Endoxidation der Substrate, die von der Zelle (das ist der »Nachkomme« des ehemaligen Archaeen-Wirtes) für die Energieproduktion zur Verfügung gestellt wird. Die große Herausforderung dieser Lebensgemeinschaft lag vor allem darin, Mechanismen zu entwickeln, die die Zufuhr der vom Endosymbionten benötigten Proteine sicherten. Weitere Schritte in der Entwicklung des »Urkaryoten« betrafen die Umgestaltung der Zellmembrane und die Bildung des Zellkerns, in dem die Erbinformation konzentriert wurde.

In einer später erfolgten zweiten Endosymbiose wurde durch Phagocytose ein Cyanobakterium von einen bereits mit Mitochondrien ausgestatteten »Urkaryoten« inkorporiert. Daraus entstanden die späteren Pflanzenzellen, wobei sich vom ursprünglichen Cyanobakterium die Chloroplasten (= Organellen, die Photosynthese betreiben können) ableiten.

Nach der Entstehung der zellkerntragenden eukaryotischen »tierischen« und »pflanzlichen« Zellen konnte die Entwicklung von Zellverbänden und damit die Evolution der mehr- und vielzelligen Organismen beginnen. Lange Zeit galt die etwas eingedrehte, unverzweigt-schlauchförmige und nur wenige Zentimeter lange Grünalge *Grypania spiralis* als frühester fossiler Beleg für Eukaryoten. Ursprünglich wurde der Fund aus einer Eisenlagerstätte in der Nähe von Negaunee, Michigan (USA) mit 2,1 Milliarden Jahren datiert. Neuere radiometrische Untersuchungen weisen aber »lediglich« auf ein Alter von 1.874 Millionen Jahre hin. Aus etwas jüngeren, um 1,5 Milliarden Jahre alten Sedimenten stammt die perlschnurartige *Horodyskia*, die möglicherweise ein früher Pilz, oder eine koloniale Foraminifere (»Kammerling«) war.

Für einiges Aufsehen sorgte vor wenigen Jahren die Entdeckung zahlreicher Abdrücke von Organsimen aus 2,1 Milliarden Jahre alten tonigen Sedimenten nahe Franceville in Gabun (Westafrika). Die bis 17 cm großen Fossilien, die als Gabonionta zusammengefasst werden und vermutlich ein Konsortium mehrerer unterschiedlicher Arten darstellen, sind derzeit die ältesten Funde mehrzelliger Organismen. Leider erlaubt ihre Erhaltung keine aussagekräftigen Rückschlüsse auf den anatomischen Internbau und die Physiologie.

Das »Great Oxidation Event« (GOE) beeinflusste aber nicht nur die Lebewelt, sondern hatte äußerst massive Wirkung auf das Gesamtsystem Erde. So oxidierte das O_2 das in der Gashülle der Erde (von der Tätigkeit der methanogenen Archaeen) angereicherte Methan zu Kohlenstoffdioxid und Wasser. Damit verlor die Erde eine wichtige Wärmequelle, denn Methan (CH_4) weist eine hohe strahlungsbeeinflussende Wirkung (= Treibhausgas) auf, die etwa beim 25-fachen von CO_2 liegt. Mit der Umwandlung von CH_4 in CO_2 wurde plötzlich deutlich weniger der Wärmestrahlung durch die Atmosphäre zurückgehalten. Die verringerte Treibhauswirkung brachte eine verheerende Strahlungsbilanz mit sich, die schließlich dazu führte, dass die Erde global an ihrer Oberfläche abzukühlen begann. Die längste Kälteperiode der Erdgeschichte, die etwa 300 Millionen Jahre andauerte, war die katastrophale Folge. Gesteinsablagerungen, die diese Kaltzeit durch typische glazigene (= vom Gletscher- oder Inlandeis abgelagerte) Sedimente dokumentieren (Gowganda-Formation) wurden im Gebiet um den Huronsees erstmals erkannt. Daher wird diese paläoproterozoische Vereisungsperiode als »Huronische Eiszeit« bezeichnet. Die starke Absenkung der globalen Oberflächentemperaturen hatte zur Folge, dass es zu einem dramatischen Einbruch in der Bioproduktion kam. Die extreme Störung des biogenen Kohlenstoffkreislaufes, auch als Lomagundi-Event bezeichnet (nach der Lomagundi-Provinz in Zimbabwe), wird von einer ^{13}C-Isotopen-»Anomalie« vor etwa 2,3 bis 2,0 Milliarden Jahren begleitet: Erhöhte Werte dieses Kohlenstoffisotops sind der Ausdruck geringer biologischer Produktionsraten (Organismen bevorzugen den Einbau des leichteren ^{12}C-Isotops in ihre Biomasse). Zu dieser Zeit machte sich auch zusätzlich die graduell zunehmende Oxidation der ozeanischen Erdkruste bemerkbar. Der irreversible Verlust an H_2 durch die Erdmantel-Entgasungen, sowie die chemischen Reaktionen zwischen Meerwasser und Basalten an den mittelozeanischen Rücken hatten zur Oxidation und Hydratation (= Anlagerung von Wassermolekülen) der Mineralien am Meeresboden geführt. Nun stellte sich die veränderte Kruste zur Subduktion an, was dazu führte, dass auch die vulkanischen Gase einen höheren Oxidationsgrad aufwiesen.

Nach dem Event sind die erdgeschichtlich ältesten sedimentären Phosphate und die ersten »Erdöl«-führenden Ablagerungen aus Shunga (Karelia, Nordwest-Russland) bekannt, die auf ein Wiedererstarken der Biosphäre, speziell planktischer Mikroben hinweisen (Shunga-Event).

Wenngleich der damalige Sauerstoffgehalt der Atmosphäre nach der Eiszeitperiode mit etwa drei Prozent (heute 21 %) relativ gering war, hatte dies doch zur Konsequenz, dass sich das Erscheinungsbild der Kontinente veränderte. Durch Eisenoxide gefärbte Sedimente (= »Rotsedimente«) kamen auf und färbten die Kontinente rostrot, während Pyrit- und Uraninit-Gerölle verschwanden, die zu sauerstofffreien Zeiten das Spektrum der Sedimente an Land dominiert hatten. Auch die Vielfalt der auf der Erdoberfläche vorkommenden Mineralien nahm durch Oxidationsprozesse deutlich zu. In den Schelfgebieten der Meere spielten die Cyanobakterien wieder eine dominante Rolle. In den an Hydrogencarbonat (HCO_3^-) angereicherten Meeren hinterließen sie durch extrem rasche $CaCO_3$-Fällung enorm mächtige und weiterverbreitete feinlagige Strukturen, die sogenannten Stromatolithe.

Auf der Erde stellte sich in der Folgezeit eine klimatisch stabile, oft als »Boring Billion« (langweilige Milliarde) bezeichnete Phase ein.

Die Erde als Schneeball und fehlgeschlagenes Experiment des Lebens?

Nach dem dramatischen Klimasturz der Huronischen Vereisung waren die Umweltbedingungen über rund 1,5 Milliarden Jahre offensichtlich ökologisch sehr stabil. Die »Prokaryota-Protisten-Welt« konnte sich ungestört durch langsame gradualistische (konstante) Evolution entfalten. In diese Zeit fällt auch die Entwicklung und ständige Diversifikation (»Artenvervielfältigung«) der Acritarchen. Wie die Ableitung des Namens aussagt (griechisch *akritos* = unsicher und *archē* = Ursprung), handelt es sich dabei um Fossilien, deren systematische Zuordnung nicht gut geklärt ist. Es waren wohl planktische »Protisten« (= mikroskopisch kleine, meist einzellige Eukaryoten), die Hüllen aus Sporopollenin – wie sie auch heutige Pollenkörner aufweisen – entwickelt haben. Dieses Material aus hochpolymeren organischen Verbindungen ist besonders widerstandsfähig und daher optimal für die Fossilüberlieferung. Selbst geringere Metamorphose-Einwirkung bis zur »Grünschieferfazies« mit Temperaturen von ca. 400 °C und Drücken um etwa vier Kilobar können sie unbeschadet überstehen. Aus diesem Grund gewinnen sie in der biostratigrafischen Untergliederung des Proterozoikums zunehmend an Bedeutung.

In die lange Zeit des Paläo- und Mesoproterozoikums müssen auch weitere Versuche gefallen sein, die Vielzelligkeit zu verwirklichen. Die bereits erwähnten Gabonionta waren nur eine relativ kurze Zeit verbreitet, denn bald nach ihrem Erscheinen sank der Sauerstoffgehalt der Atmosphäre drastisch und entzog ihnen damit die Lebensgrundlage.

Generell ist Vielzelligkeit kein eindeutiger Begriff. Man sollte die »einfache Vielzelligkeit« von Filamenten, Zellhaufen oder Zelllagen, deren Zellen keine weitergehende Differenzierung erfahren haben und in der Regel direkt im Kontakt mit der Außenwelt stehen, von der »komplexen Vielzelligkeit« unterscheiden. Für die komplexe Vielzelligkeit ist Zellkommunikation und Gewebedifferenzierung charakteristisch. Sie sind zu dreidimensionalen Strukturen organisiert, wobei nur verhältnismäßig wenige Zellen mit der Außenwelt in Kontakt stehen. Diese Form der Vielzelligkeit ist innerhalb der Landpflanzen (Embryophyta = Moose und Gefäßpflanzen), der Tiere (Metazoen), Pilze (Basidiomycota = Ständerpilze und Ascomycota = Schlauchpilze) und Algen (Rhodophyta = Rotalgen und Phaeophyta = Braunalgen) entstanden. Da der Sauerstoffgehalt im Meer zunächst nur etwa ein Prozent des heutigen Wertes betragen hat, ist davon auszugehen, dass der entscheidende selektive Faktor in der Entwicklung die nur indirekte Versorgung der »inneren« Zellen war. Als treibender Motor kann daher der O_2-Partialdruck gesehen werden.

Eine große Herausforderung war die Entwicklung von Nachkommen. Die Prokaryoten konnten sich durch »einfache« Zellteilung vermehren. Zellbestandteile der Mutterzelle werden dabei auf die Tochterzellen aufgeteilt, indem Zellmembrane eingezogen werden und die Abtrennung in meistens zwei, manchmal auch mehr Tochterzellen erfolgt. Die Eukaryoten hatten es schon deutlich schwieriger, denn sie haben ja eine folgenschwere Erbschaft aus der Endosymbiose übernommen, indem sie das Genom eines fremden Organismus inkorporiert hatten. Ein Großteil der Gene des Endosymbionten (Bakterie, später Mitochondrium) wurde mit der Zeit in das Genom des Wirtes (ursprünglich Archaeon) verlagert und hat dabei zur Entstehung von Chromosomen (= Träger der Erbanlagen; bestehen aus DNA und Proteinen) geführt. Diese wurden durch eine eigene Membran vom Cytoplasma abgegrenzt, womit der Zellkern entstand. Vermehrt sich eine eukaryotische Zelle, dann geht der Zellteilung eine Zellkernteilung, die Mitose, voraus. Bei der Mitose werden die beide Tochterzellkerne mit der gleichen Anzahl an Chromosomen und dadurch mit der gleichen Erbinformation ausgestattet. Um das zu ermöglichen, müssen vor dem eigentlichen Teilungsprozess die Chromosomen verdoppelt (Interphase) werden. Nach mehreren Phasen, in denen die Mitose abläuft, liegt schließlich ein geteilter Zellkern vor und die Teilung der Zelle kann durchgeführt bzw. abgeschlossen werden. Zellplasma und andere Bestandteile der Mutterzelle werden dabei mit je einem Kern auf die Tochterzellen aufgeteilt (Zellzyklus). Es entstehen dadurch praktisch exakte Kopien des Mutterindividuums (Klone).

Mit der Vielzelligkeit haben sich auch weitere wichtige evolutionäre Schritte ergeben. Vor zumindest einer Milliarde Jahre entwickelte sich die sexuelle Fortpflanzung, die die Erhöhung der genetischen Variabilität der Individuen zur Folge hatte und den Organismen einen unschlagbaren evolutionären Vorteil einbrachte. Doch was war der Auslöser für dieses weitaus kompliziertere Vermehrungssystem, wo doch die asexuelle Fortpflanzung so lange ganz gut funktioniert hat? Sexuelle Fortpflanzung ist umständlich und zeitaufwändig, andererseits hat sie aber auch Vorteile, wenn der evolutionäre Druck steigt. Beobachtet man Hefezellen, von denen bekannt ist, dass sie zwischen ungeschlechtlicher und geschlechtlicher Vermehrung wechseln können, und setzt sie unter Stress, dann vermehren sie sich geschlechtlich. Entspannt sich die Lage wieder, vermehren sie sich ungeschlechtlich.

Überträgt man dieses Phänomen in die Erdgeschichte, könnte ein sich schnell und dramatisch ändernder Umweltfaktor, wie z. B. das verstärkte Aufkommen von Krankheitserregern, der Auslöser gewesen sein, warum es zur sexuellen Fortpflanzung kam. Dieses Szenario formuliert die »Rote-Königin-Hypothese« (Red Queen Hypothesis), die seit Mitte der 1970er Jahre nichts an Attraktivität verloren hat. Die Idee dahinter lehnt sich an die Erzählung des viktorianischen Dichters Lewis Carroll (1832–1898) »Through the Looking-Glass« (in Deutsch: Alice im Spiegelland) an. Die Rote

Königin erklärt der neugierigen Alice: »Hierzulande musst du so schnell laufen, wie du kannst, wenn du am gleichen Fleck bleiben willst.« Übertragen auf den Wettkampf gegen sich ständig ändernde Umweltparameter kommt der langen und erfolgreichen evolutiven Anpassung einer Population keine Bedeutung zu. Vielmehr zählen rasche erfolgreiche Adaptionen (= Anpassung an Umweltgegebenheiten). Diese können durch die geschlechtliche Fortpflanzung leichter erreicht werden, denn das Erbgut wird nicht unverändert weitergegeben, sondern die Nachkommen stellen experimentelle Mischungen aus den Genen beider Eltern dar. Kinder bekommen zur Hälfte die Genome von zwei Individuen (Eltern) mit, ebenso werden die Gene in jeder weiteren Generation neu gemischt. Damit haben die Nachkommen eine eigene unverwechselbare genetische Identität, die sie von jedem anderen Artgenossen unterscheidet.

Voraussetzung für die sexuelle Vermehrung ist allerdings die Entwicklung zweier unterschiedlicher Geschlechtszellen, deren Erbgut in der nächsten Generation ausgetauscht und neu kombiniert werden kann. Die »normalen« Körperzellen besitzen einen diploiden (griechisch *diplóos* = doppelt), also doppelten Chromosomensatz, der für die Ausbildung von Geschlechtszellen erst auf die Hälfte reduziert werden muss. Dazu ist eine spezielle Form der Zellteilung, die Meiose, notwendig. Die Meiose besteht aus zwei der Mitose ähnlichen Zellkernzyklen. In der ersten Phase findet allerdings unter homologen Chromosomen Gentausch statt, was als »Crossing-over« bezeichnet wird und die besonders intensive Mischung der Gene mit sich bringt. In der zweiten Phase werden die Chromosomen nicht verdoppelt. Damit werden letztendlich vier haploide (griechisch *haplóos* = einfach) Zellkerne und weiters mit ihnen Zellen mit dem halben Chromosomensatz hergestellt. Bei der sexuellen Fortpflanzung wird im Zuge der Fusion weiblicher und männlicher haploider Geschlechtszellen der ursprüngliche diploide Chromosomensatz im Embryo wiederhergestellt.

Eine große Belastungsprobe stellte sich für die Biosphäre (griechisch *bíos* = Leben und *sphaira* = Kugel; also »mit Leben erfüllter Raum«) ab dem mittleren Neoproterozoikum zuerst zaghaft, später progressiv ein, als die klimatisch weitgehend stabile Situation auf der Erde wieder zu kippen begann. Auslösende Störfaktoren liegen vermutlich in der Änderung der Gesamtgeografie der Erde begründet. Vor etwa 1,1 Milliarden Jahren hatten sich alle kontinentalen Platten zum bereits mehrfach erwähnten Großkontinent Rodinia vereinigt. Diesem Megakontinent stand ein weltumspannender Ozean »Mirovia« (russisch *mirovoi* = global) gegenüber. Das Wasser des Riesenozeans war entlang der Kontinentalränder weitgehend »euxinisch«. Das Wort euxinisch leitet sich von »Pontus Euxinus«, der lateinischen Bezeichnung des Schwarzen Meeres ab und beschreibt sauerstoffarmes bis sauerstofffreies Wasser, das durch Sulfat-reduzierende Bakterien (Desulfurikation) mit Schwefelwasserstoff (H_2S) angereichert ist. Euxinische Bedingungen stellen für die sogenannten »Desulfurizierer« beste Lebensräume dar, da sie beim Abbau organischer Substanzen anfallendes Sulfat als Oxidationsmittel nutzen und es in Sulfid umwandeln. Durch ihre Energie-Stoffwechselprozesse werden die Wässer sulfidreich, was dazu führt, dass bestimmte Spurenelemente wie z. B. Molybdän nicht gelöst vorkommen und daher nicht bioverfügbar sind. Der Molybdänmangel stellte – über den Umweg der Stickstoff-Aufnahme – einen limitierenden Faktor für die Evolution der Eukaryoten dar. Stickstoff ist ein wesentlicher Bestandteil der Aminosäuren und daher für alle Lebewesen von essentieller Bedeutung. Zwar befindet sich Stickstoff in großen Mengen in der Atmosphäre, aber dieses Element verhält sich unglaublich reaktionsträge (»inert«). Einige Archaeen sowie spezielle Bakterien, darunter die Cyanobakterien, können allerdings N_2 direkt nutzen und geben es in Form von Ammonium (NH_4) ins Ökosystem ab. Andere Organismen wiederum nehmen die für sie essentiell wichtigen Stickstoff-Verbindungen auf und verarbeiten sie. Den Eukaryoten ist die Stickstofffixierung verwehrt geblieben, sie sind daher auf die prokaryoten »Zulieferer« angewiesen.

Langsam, aber stetig wurde durch die kontinentale Verwitterung von Rodinia Eisen in das Meer verfrachtet. Das führte dazu, dass eisensulfidische Verbindungen gefällt wurden. Zusätzlich erhöhte sich der Sauerstoffgehalt durch die an Bedeutung gegenüber den Cyanobakterien gewinnenden und »leistungsfähigeren« fotosynthetisierenden Algen. Die oberflächennahen Meeresschichten wurden aerob. Die eukaryotischen Algen hatten zudem deutlich größere Zellen von etwa 10–100 µ (1 µ = 0,001 mm) als die Prokaryoten und bildeten dadurch auch erhebliche Mengen an Biomasse. Abgestorbene Organismen sanken zu Boden und deponierten damit kohlenstoffhaltige Verbindungen im Sediment. Das hatte zur Folge, dass die »biologische Kohlenstoffpumpe« ansprang, die beständig organisch gebundenen Kohlenstoff aus den gut durchlichteten oberen Meeresbereichen (= euphotische Zone) in die Tiefen der Ozeane transportiert. Kohlenstoff wird synchron zum genannten Prozess über das CO_2 der Atmosphäre in die Ozeane »nachgeliefert« – heutzutage sind das etwa zwei Gigatonnen (= 2.000.000.000 t) pro Jahr. Dieser Austausch senkte in weiterer Folge im Neoproterozoikum die Kohlenstoffdioxidkonzentrationen der Atmosphäre und verminderte damit auch den Treibhauseffekt.

Vor etwa 800 Millionen Jahren begann der Zerfall des Megakontinentes Rodinia in zwei große Festlandsblöcke (Nord-Rodinia und Süd-Rodinia), ehe diese vor etwa 825 und 740 Millionen Jahren in weitere Teile zerbrachen. Die kontinentalen Gebiete nahmen eine etwa äquatorial-tropische Lage ein, waren also vermutlich kräftigen monsunartigen Regenfällen ausgesetzt. Mit der Auswaschung durch Niederschläge sank der CO_2-Gehalt der Atmosphäre, wobei eine langfristige Bindung des Kohlenstoffdioxids durch die verstärkte Verwitterung im kontinentalen Hinterland erfolgte. Zusätzlich bildeten sich Karbonate an den neu entstandenen, den Küsten vorgelagerten flachmarinen Schelfgebieten. Sie entzogen dem Meer und der Atmosphäre noch weiterem Kohlenstoff. Irgendwann mussten sich »Entzugserscheinungen« an Kohlenstoffdioxid im »Treibhaus Erde« bemerkbar gemacht haben und so begann mit dem Zeitabschnitt des Cryogeniums im späten Neoproterozoikum eine über 200 Millionen Jahre anhaltende Kälteperiode. Sie lässt sich in drei markante Phasen teilen, die Kaigas-Eiszeit vor rund 750 Millionen Jahren, die Sturtische Eiszeit vor ca. 715 bis 680 Millionen Jahren und die Marinoische Eiszeit vor ca. 660 bis 635 Millionen Jahren. Vor allem die beiden letzten Vereisungsphasen werden als globale Ereignisse gesehen. Aufgrund der Heftigkeit der Vereisungswellen wurde für diese Zeit das Erscheinungsbild einer »Schneeball Erde« (Snowball Earth), oder in einer etwas abgeminderten Version der »Schneematsch-Erde« (»Slushball Earth«) als Theorie formuliert.

Klimatologische Modellrechnungen zeichnen das Szenario starker positiver Rückkopplungseffekte, sobald sich die Eiskappen von den Polen, wo die Strahlungsbilanz vergleichsweise deutlich geringer ist, über den 30. Breitengrad in Richtung Äquator ausdehnen. Tritt so ein Zustand ein, wird die Albedo-Wirkung (= Reflexionsvermögen) durch die Eisschilde so stark (Schnee reflektiert etwa 80 bis 85 % der Sonneneinstrahlung), dass eine überproportionale Abkühlung auf der gesamten Erdoberfläche eintritt und ein Eispanzer bis zum Äquator vorwächst. Geologische Indizien sprechen dafür, dass tatsächlich Eisschilde während des »Eokambrischen Eiszeitalters« bis in sehr niedrige geografische Breiten (Subtropen, Tropen) vorgedrungen sind. Indikative Klimazeugen sind bis zu 2.000 m mächtige Sedimente, die speziell im Gletscherrandbereich zu Ablagerung kamen (= Moränen) und als Tillite bezeichnet werden. Dabei handelt es sich um äußerst wenig sortierte Konglomerate, deren Komponenten deutliche Kritzungen und Facettierungen (»Kratz- und Hobelspuren«) aufweisen. Viele der Gletscher haben ihre Eismassen und mit ihnen auch die mitgeführte

Gesteinsfracht in das Meer abgeladen. Feinere, aus dem Moränenmaterial ausgeseihte und am Meeresboden zur neuerlichen Ablagerung gebrachte Sedimente werden oftmals als »Diamiktite« bezeichnet. Sie können »dropstones« enthalten, also Gesteinsbrocken unterschiedlicher Größen, die durch Ausschmelzen von Eisbergen auf den Meeresgrund sanken und im noch unverfestigten Sediment »Einschlagstrukturen« hinterlassen haben. Einen zusätzlichen Hinweis auf Kaltwasserbedingungen liefert ein spezielles Mineral namens »Glendonit«. Dabei handelt es sich um eine sogenannte »Pseudomorphose«, d. h. einen Ersatz des sehr instabilen ursprünglichen Minerals »Ikait«. Ikait ($Ca[CO_3]\cdot6H_2O$) ist ein Calciumkarbonat mit viel Wasser im Kristallgitter, das sich im ufernahen Meerwasser bei Temperaturen nahe dem Gefrierpunkt (0 bis 4 °C) im weichen organisch-reichen Sediment bildet. Bereits bei Temperaturen zwischen 5 und 10 °C wandelt es sich unter Abgabe von Wasser in »normalen« Calcit ($CaCO_3$) um und wird zum Glendonit, behält aber die ursprüngliche Ikait-Eigengestalt.

Im Umfeld der Diamiktite kommen auch die aus der Zeit vor der Sauerstoffkrise bekannten eisenerzreichen Bändererze (BIF) vor. Die Bildung von BIFs ist im Zusammenhang mit dem Sauerstoffmangel der vereisten Ozeane zu sehen, in denen die Bioproduktion erschreckend zurückgegangen war und daher auch kaum biogen produzierter freier Sauerstoff für die Oxidation zur Verfügung stand. Ohne gelösten Sauerstoff konnte sich daher Eisen in Form zweiwertiger Ionen (Fe^{2+}) im Wasser lösen.

Folgt man der Vorstellung, dass die Erde zum Schneeball, oder auch »nur« zum Schneematschball geworden ist, dann stellt sich natürlich sofort die Frage nach den Mechanismen, die dem etwa zehn Millionen Jahre andauernden Winter ein Ende setzten. Während der maximalen Kältephase dürfte die globale Jahresdurchschnittstemperatur bei etwa −50 °C gelegen haben. In Analogie zu heutigen Gegebenheiten riesiger Eisgebiete in Grönland oder der Antarktis wird aufgrund der Kälte die Atmosphäre extrem trocken gewesen sein. Trockenheit bedeutet aber auch, dass sich die Mega-Gletscher nicht weiter ausdehnen konnten. Das Kältesystem stand also still. Die Erde hatte aber einen Trumpf im Talon, dem Kältetod zu entrinnen: Die Plattentektonik. Sie lief weitgehend unbeirrt von den Vorgängen an der Oberfläche ab. Sowohl bei der Bildung als auch bei der Subduktion von Kruste wird CO_2 freigesetzt, das sich über Millionen Jahre hindurch anreichern konnte, ohne von den Organismen intensiv genutzt zu werden, denn die gesamte Biosphäre verharrte ja in einer Art »Dornröschenschlaf«. Ab einem gewissen Schwellenwert der Konzentration von CO_2 in der Atmosphäre (etwa das 350-fache des gegenwärtigen Kohlendioxid-Gehalts) gewann der Treibhauseffekt im Kräftemessen mit der Albedo der Eismassen die Oberhand und die Erwärmung setzte ein. Der Temperaturanstieg war vermutlich dramatisch und erfolgte innerhalb von wenigen tausend Jahren. Anstelle der Jahresdurchschnittstemperaturen von −50 °C traten Temperaturen um +50 °C. Mit dem Abtauen der Eismassen stieg der Anteil an gelöstem Sauerstoff in den Ozeanen wieder an und oxidierte das gelöste Eisen. Die neoproterozoischen Banded Iron Formations (BIF) entstanden. Auch die Organismen konnten wieder aus ihren Refugien hervorkommen. Gigantische Mengen an Calcium, Magnesium, Bor und Mangan, die von den nun eisfreien Kontinenten in die Ozeane gelangten, wurden unter »Mithilfe« der Organismen in einem hochalkalischen Milieu zu Karbonatgesteinen »verarbeitet«. Diese Karbonate, die unmittelbar über den eiszeitlichen Tilliten und Diamiktiten folgen, werden als »Cap-Carbonates« (Kappenkarbonat) bezeichnet und markieren das Ende des globalen Vereisungszyklus.

Während der Marinoa-Eiszeit waren nur wenige Nährstoffe in den Ozean gelangt, was zu nährstofflimitierenden Bedingungen geführt und einen selektiven Druck auf die marinen Organismen ausgeübt hatte, die noch zusätzlich mit der Lichtlimitation durch weitflächige Packeisbedeckung zu kämpfen hatten. Betroffen waren davon unter anderem auch die marinen Grünalgen (Chlorophyta), während die am Land in zumindest periodisch eisfreien Süßwassertümpeln lebenden Algen (Streptophyta; dazu gehören auch die Stammgruppen der späteren Landpflanzen) weder licht- noch nährstofflimitiert waren. Entsprechend der vollkommen unterschiedlichen ökologischen Gegebenheiten mussten sie daher während der Eiszeit verschiedene Strategien in Bezug auf die Photorespiration entwickeln. Auch die Stromatolithe zeigen nach der Vereisung einen anderen Internbau als die typischen Vertreter aus dem Paläo- und Mesoproterozoikum. Anstelle der charakteristischen regelmäßigen Laminationen, die auf dünne Biofilme zurückgeführt werden, haben die »nacheiszeitlichen« Stromatolithe deutlich gröbere und dickere Laminationen und weisen zudem auch oft ein »thrombolithisches« Gefüge auf. Thrombolithische Stromatolithen sind weniger deutlich geschichtet. Sie beinhalten häufig Peloide (griechisch *pelos* = Schlamm und *eidos* = Gestalt), rundlich-ovale submillimetergroße kalkige Körner, deren Entstehung in Zusammenhang mit der Verkalkung degradierter proteinreicher Schleime, der sogenannten »exopolymeren Substanzen« (EPS) gebracht wird. EPS stellen jenes Geflecht aus Zucker- und Eiweißfäden dar, mit denen die Bakterienzellen untereinander »zusammengeschlossen« sind und ein Netzwerk zur Aufnahme von gelösten organischen und anorganischen Nährstoffen bilden, aber auch um Stoffwechsel-Endprodukte zu eliminieren. Häufig waren wohl auch tierische oder pflanzliche eukaryotische Organismen beteiligt, die den anfallenden Stickstoff der EPS willfährig entgegennahmen.

Die fundamentalen Änderungen der Strukturen der Stromatolithen sind Ausdruck der evolutiven Reflexion der beteiligten Organismenkonsortien auf den selektiven Druck während der Kälteperiode, hängen aber auch mit der Änderung des Meerwasserchemismus zusammen. Nach dem Abschmelzen der kontinentalen Vereisungsgebiete fielen enorm große kontinentale Gebiete der Verwitterung anheim. Mit dem Temperaturumschwung erhöhte sich die Humidität (Niederschlaghäufigkeit), was zur Folge hatte, dass bei den damals herrschenden sehr hohen CO_2-Konzentrationen der Atmosphäre die Niederschläge auch »sehr sauer« ausfielen, denn Kohlenstoffdioxid löst sich im Regenwasser unter Bildung von Kohlensäure: $H_2O + CO_2 \rightarrow H_2CO_3$. Die Kontinente bestanden praktisch ausschließlich aus magmatischen und metamorphen Gesteinen, die einen hohen Anteil an aluminiumreichen Silikatmineralien, den Feldspaten, haben. Die Einwirkung von Wasser auf diese Mineral-Gruppe führt zur hydrolytischen Zersetzung (griechisch *hýdor* = Wasser und *lýsis* = Auflösung), bei der Stoffe unter der Einwirkung bzw. dem Einbau von Wasser in ihre Bausteine gemäß der allgemeinen Gleichung: $A\text{-}B + H_2O \rightarrow A\text{-}H + B\text{-}OH$ zerlegt werden. An dem einen Baustein (*A*) wird ein Proton (H) und an dem anderen (*B*) das verbleibende Hydroxid-Ion (OH) angelagert. Die Konzentration an H-Ionen wird deutlich erhöht, wenn Kohlensäure gelöst vorliegt. Bei der Verwitterung von Feldspaten werden in einer ersten Phase die Kationen gegen Wasserstoff-Ionen ausgetauscht, wie etwa beim calciumreichen Plagioklas Anorthit: $CaAl_2Si_2O_8 + 3H_2O + 2CO_2 \rightarrow Al_2Si_2O_5(OH)_4 + 2Ca^{2+} + 2HCO_3$ oder beim Kalifeldspat Orthoklas $4\ KAlSi_3O_8 + 6\ H_2O \rightarrow Si_4Al_4O_{10}(OH)_8 + 8\ SiO_2 + 4K(OH)$. Während die Restprodukte der sogenannten Silikatverwitterung in Form von Tonmineralien (z. B. als »Porzellanerde« Kaolinit) übrigbleiben, werden die leicht wasserlöslichen Produkte (Hydrogenkarbonate) über Flüsse abgeführt und im Meer »endgelagert«.

Verbunden mit den Prozessen des Eintrags kontinentaler Verwitterungsprodukte in die Meere und der Senke von CO_2 durch die kontinentale Verwitterung hat sich vermutlich um 630 bis 600 Millionen Jahren der Meerwasserchemismus etwa der heutigen Situation angenähert. Das betrifft speziell den pH-Wert, der heute leicht basisch (pH = ca. 8,1) ist. Noch im früheren Proterozoikum hatten die Weltmeere vermutlich eine weitaus höhere Alkalinität (basisch), was zur Folge hatte, dass das Wasser massiv an Karbonat ($CaCO_3$) übersättigt war. Auch der Natriumgehalt (Na) dürfte nach Ende der neoproterozoischen Vereisungswellen zurückgegangen sein. Für erdgeschichtlich ältere Zeiten, das Archaikum und frühe Proterozoikum, wird die nicht unumstrittene Vorstellung eines »Soda-Ozeans«, vertreten. Unter höheren Temperaturen habe massive submarine Verwitterung der komatiitischen Kruste (Gesteine mit niedrigen SiO_2-, K_2O- und Al_2O_3-Gehalten) stattgefunden, die zu deutlich überhöhten Werten von Natriumcarbonat (Na_2CO_3), dem Soda, gegenüber Gehalten an Calcium (Ca) oder Chlor (Cl) geführt hat. Die schrittweise Abnahme gelöster Natriumkarbonate aus dem Meerwasser soll durch Abgabe in Klüfte der ozeanischen Kruste, in die Porenräume der Sedimente und die Bildung von hydrothermalen »Albitit-Gängen« erfolgt sein. Im Zuge der Subduktion dieser Ablagerungen stand dann das Na für den Aufbau von Albit (= Natronfeldspat $Na[AlSi_3O_8]$) granitischer Tiefengesteine zur Verfügung; Natrium »wanderte« somit in die kontinentale Kruste. Gleichzeitig erfolgte über vulkanische Aktivität eine ständige Zufuhr von Chlorwasserstoff (HCl, »Salzsäure«) in die Ozeane. Dadurch senkte sich der pH-Wert und der Übergang zum heutigen Kochsalz-Meer wurde eingeleitet, in dem sich Natrium und Chlor zu NaCl (= Halit, »Kochsalz«) verband. Der sukzessive Wechsel von der ursprünglichen Vormachtstellung des Natriums zur Calcium- (Ca) und Magnesium (Mg)-Dominanz war in weiterer Folge sicher ein wichtiger Schritt für die Evolution der Organsimen, im Besonderen für die Entwicklung von kalkigen Skeletten.

Während der Jahrmillionen der Vereisung wurden die fototrophen Organismen in Teilpopulationen aufgeteilt und mussten innerhalb isolierter, lichtdurchfluteter, eisfreier Oasen kleine Nahrungsketten aufbauen. Als Reaktion auf unterschiedlichste Faktoren des selektiven Drucks entstanden innerhalb dieser Oasen unabhängig voneinander weiterentwickelte Anpassungen, die schließlich zur Bildung mehrerer, zunächst geografisch isolierter Arten führte (= »allopatrische Artentstehung«, Artbildung durch räumliche Trennung). Nach dem Abschmelzen konnten sich Organismen in den eisfreien Gebieten »stressfrei« ausbreiten und neue ungenutzte ökologische Nischen besetzen. Im Zuge des Bevölkerns der neuen Lebensräume entwickelten sie spezifische Anpassungen an die vorhandenen Umweltverhältnisse. In der Evolutionsbiologie bezeichnet man so einen Vorgang, bei dem es zur Auffächerung einer wenig spezialisierten Art in viele stärker spezialisierte Arten durch Herausbildung spezifischer Anpassungen kommt, als »adaptive Radiation« (lateinisch: *adaptare* = anpassen und *radiatus* = ausstrahlend). Etwa eine halbe Milliarde Jahre später haben das die »Darwin-Finken« der Galapagosinseln auf eindrucksvolle Weise nachgemacht: Die vulkanische Inselgruppe liegt etwa 1.000 km westlich von Südamerika entfernt. Da keine geografische Verbindung zum Kontinent gegeben ist, musste durch irgendeinen Zufall, beispielsweise durch einen Sturm oder durch Treibholz, mindestens ein männlicher und ein weiblicher Fink (oder ein befruchtetes Weibchen) auf die Insel gelangt sein um dort eine Population zu gründen. Zunächst vermehrte sich die Gründerart sehr stark, weil hier paradiesische Zustände herrschten: Zum einen gab es Nahrung in Hülle und Fülle, zum anderen auch keinerlei Fressfeinde. Doch irgendwann stieg die eigene Populationsdichte so stark an, dass sich damit der intraspezifische Druck bezüglich Lebensraum und Nahrung erhöhte. Vermutlich in der Zeit der bedrohlichen Überbevölkerung gelangten einige Finken auf eine der Nachbarinseln und nahmen einen Teil des Genpools (= Gesamtheit aller Genvariationen einer Fortpflanzungsgemeinschaft) mit sich. Der Prozess der raschen Ausbreitung wiederholte sich auf der neu besiedelten Insel, allerdings mit etwas geänderten Vorgaben, denn hier war das Nahrungsangebot nicht identisch mit dem der Stamminsel. Die neue Gründerpopulation hatte auch nur einen geringen »Ausschnitt« des Genpools von der Stammpopulation und so führten unterschiedliche Mutationen und anders verlaufende Selektionsprozesse auch in eine andere Richtung in der Entwicklung verglichen mit der der Stammart auf der Ursprungsinsel. Da zwischen den Inseln kein Genfluss herrschte und die Finken ihr genetisches Material nicht austauschen konnten, kam es zur Separation der beiden Populationen und eine neue Art entstand. Gelangten Finken der neu entstandenen Art wiederum zurück auf die Ursprungsinsel, führte dies zu Problemen für den Fall, dass sowohl die Stammart wie auch die neue Art dieselbe ökologische Nische besetzen wollten. Zwei Arten können nicht gleichzeitig die identische ökologische Nische besetzen, ohne in einen Wettbewerb zu treten, den nur die konkurrenzstärkere Art gewinnen kann (= Konkurrenzausschlussprinzip). Der »schwächeren Art« bleibt nur das Aussterben, oder die Konkurrenzvermeidung, also das Ausweichen in eine andere Nische. Passiert das, dann können beide Arten koexistieren. Ein anderer Fall ist der, dass die neu entstandene, »importierte« Art sich auf der Nachbarinsel so verändert hat, dass sie eine ganz andere und unbesetzte ökologische Nische auf der Ursprungsinsel bezieht und daher auch nicht mit der Stammart in Konkurrenz tritt.

Solche Vorgänge aus geografischer Isolation und Einnischung wiederholten sich mehrmals auf den Galapagosinseln, sodass es heute 14 nahe verwandte Darwin-Finkenarten gibt, die allesamt von einem gemeinsamen Vorfahren abstammen. Die Vögel unterscheiden sich untereinander nicht nur durch unterschiedliche Ernährungsgewohnheiten (Samen- bis Insektenfresser), sondern haben auch auffallend verschiedene Schnabelformen entwickelt.

Doch kehren wir zurück in die Zeit des jüngeren Neoproterozoikums, in der vor dem Hintergrund einer sich völlig verändernden Erde sich vergleichbare Szenen der Artenneubildungen« abspielten. Die enorme Vielzahl an neuen Nischen »heizte« die adaptive Radiation der Organismen an und führte wieder zu höheren Sauerstoffgehalten in den Ozeanen und der Atmosphäre. Während der Zeit des Ediacariums, der letzten Periode des Neoproterozoikums entwickelten sich schließlich auch sonderliche, mehrere Zentimeter große Lebensformen, die keinerlei mineralisierte Hartteile hatten. Diese Fossilien, die in einem Zeitfenster vor etwa 580 bis 540 Millionen Jahren auftraten, werden nach ihren »klassischen« Funden in den Ediacara Hills der Flinders Range (Südaustralien), als »Ediacara-Fauna« bezeichnet. Heute sind weit über 100 Taxa der nicht oder kaum aktiv beweglichen, vermutlich bodenlebenden Organismen bekannt. Sie können sehr unterschiedliches Aussehen haben. Manche erinnern an einen gestielten Farnwedel (Rangeomorpha), haben röhrenförmige Körper (Erniettomorpha), sind Omeletten-förmig und weisen radiäre Segmentierungen (Dickinsoniomorpha) auf, oder sehen heutigen Seefedern ähnlich (Arboreomorpha). Andere Vertreter der Ediacara-Fauna wiederum sind scheibenförmig und lassen auf den Oberflächen drei armförmige Strukturen erkennen (Triradialomorpha), oder stellen einen zweiseitig (= bilateral) symmetrischen Organismus (Kimberellomorpha und Bilaterialomorpha) dar. Trotz des unterschiedlichen äußeren Erscheinungsbildes haben sie doch auch grundlegende Übereinstimmungen: Sie weisen große Körperoberflächen auf und lassen keine Körperöffnungen und keinen Verdauungstrakt erkennen. Sie weisen keine Bissspuren auf, haben aber selbst auch weder Offensiv- noch Defensivorgane ausgebildet, d. h. sie waren weder mit Beiß-, Kau- oder Saugwerkzeugen ausgestattet, noch verfügten sie über einen schützenden Panzer oder über geeignete Bewegungsapparate um zu flüchten. Das legt den Schluss nahe, dass sie in einer friedfertigen Umwelt gelebt und durch osmotische Diffusion gelöste organische Moleküle aus dem Meerwasser an ihren Körperoberflächen aufgenommen haben (= Osmotrophie) oder Symbiosen mit (Cyano)Bakterien eingegangen sind. Eine weitere Gemeinsamkeit der Ediacara-Organismen betrifft auch die Art der fossilen Erhaltung. Es sind nur Abdrücke ihrer Oberflächen überliefert, da sie aus Weichteilen ohne stützendes mineralisiertes Skelett oder einer formgebenden Außenschale bestanden haben. Auffällig ist, dass diese Organismen in Sandsteinen gefunden werden, die ehemalige Sandböden flachmariner Gebiete mit gut durchlüftetem, bewegtem Wasser darstellten. Aus karbonatischen Gesteinen sind nur wenige Fossilfunde bekannt. Generell ist das fossile Überlieferungspotential im Sand ausnehmend gering, wenn Lebewesen lediglich aus Weichsubstanzen bestehen. Die Organsimen erfuhren aber glücklicherweise eine Konservierung, in dem sie post mortem rasch von Bakterienrasen überzogen wurden, die die Leichen in Form von »Totenmasken« stabilisierten und dadurch die Möglichkeit der nachträglichen Versteinerung boten. Viele der Ediacara-Lebewesen waren bereits zu Lebzeiten ein offensichtlich integrativer Teil mikrobieller Mattensysteme gewesen. Darauf weisen die »ledrig« erscheinenden Oberflächen (»Elephant-Skin-Structure«) der mineralisierten Biofilme hin, die häufig rund um die Organismen gefunden werden. Das ist besonders bei flachen Individuen wie *Dickinsonia*, dem vermutlich bekanntesten Ediacara-Organismus, der Fall. Die meist ovalen, zwischen 4 mm bis 1,40 m großen und nur wenige Millimeter dicken Arten der Gattung *Dickinsonia* haben eine charakteristische Gestalt mit einer Zentralfurche, die den Körper in Längsrichtung durchläuft. Von dieser markanten zentralen Furche gehen zahlreiche weitere, nahezu radiär verlaufende Furchen ab, die dem Fossil eine gewisse Ähnlichkeit mit Korallen verleihen. Tatsächlich wurde früher eine Verwandtschaft mit Nesseltieren (= Cnidaria; griechisch *knidē* = Nessel) aufgrund dieses nur auf äußere Ähnlichkeit beruhenden Merkmals erwogen. Heute vertritt man eher die Meinung, dass die Baupläne und die Physiologie der Ediacara-Lebewesen »abgekoppelt« von den bekannten Tier- und auch Pflanzenstämmen zu betrachten sind und Analogieschlüsse daher nur wenig weiterhelfen. Denn einerseits sind die Übereinstimmungen zu den heutigen Lebensformen zu gering, andererseits liegt aufgrund der Erhaltung zu wenig Information über den Innenbau vor. Systematische und funktionelle Deutungen sind daher spekulativ und lassen uns die Ediacara-Welt als geheimnisvolles Experimental-Labor erscheinen. Einige Paläontologen vertreten den Standpunkt, dass die Ediacara-Lebewesen Teil eines gänzlich eigenen, ausgestorbenen Organismenreichs (»Vendobionta«, oder »Ediacara-Bionta«) mit bizarrer Formenvielfalt sind. Eher unkonventionelle Interpretationen vergleichen den Ediacara-Bauplan mit der Konstruktion einer Steppdecke oder Luftmatratze: Beim Wachstum der Organismen habe sich die dehnbare Haut unterteilt, wobei die neuen »Segmente« oder »Kammern« entweder serial Reihe für Reihe hinzugefügt wurden, oder durch fraktale (selbstähnliche) Untergliederung bereits bestehender »Segmente« entstanden sind. Dadurch, dass die »Segmente« oder »Kammern« nie einen bestimmten Durchmesser über- oder unterschreiten, wird ein riesiger, mehrkerniger Einzeller als Erzeuger der Strukturen angenommen. Ein möglich lebendes Analogon könnten die Xenophyophoren darstellen, die in der Tiefsee für einzellige Lebewesen außergewöhnlich große, bis zu 25 cm messende Gehäuse mit verzweigten Röhrensystemen bilden.

Nach jüngst geäußerten Vermutungen könnten einige Vertreter Flechten, also symbiotische Lebensgemeinschaften aus Pilzen und fotosynthetisierenden Partnern (Grünalgen, Cyanobakterien) dargestellt haben, die in Strandnähe gelebt haben. Mehrheitlich wird allerdings angenommen, dass die Ediacara-Organismen ein Bindegewebe hatten und den Metazoen (vielzellige Tiere) zugehörig waren oder zumindest deren Schwestergruppe bildeten.

Warum die Ediacara-Welt und mit ihr die bizarren, weltweit verbreiteten Lebensformen untergingen, ist wenig geklärt. Die derzeit ältesten Funde aus der Drook-Formation im südöstlichen Neufundland belaufen sich auf ein Alter von etwa 580 Millionen Jahren. Die jüngsten Funde sind aus der Urusis-Formation, südliches Namibia und von der Dengying-Formation, Südchina bekannt. Die Ediacara-Lebensgemeinschaften aus Namibia stammen aus Sandsteinen, die über einer mit radiometrischen Methoden auf 543 ± 1 Million Jahren datierten Vulkanasche-Schicht abgelagert wurden. Die südchinesischen Fossilien wurden in Kalken gefunden, die ein Bildungsalter zwischen 551 und 541 Millionen Jahren nahelegen. Damit reicht die Lebensspanne der Ediacara-Biota, die erfolgreich etwa 40 Millionen Jahre die lichtdurchfluteten Flachmeere besiedelt haben, sehr nahe an die Grenze zwischen den Äonen des Proterozoikums und Phanerozoikums heran. Mit dem Phanerozoikum kommen die »modernen« Lebensformen auf. Haben sie Schuld am Verschwinden des Ediacara-Lebens gehabt? Oder fielen die Ediacara-Lebewesen einer Umweltkatastrophe zum Opfer, als mehrfach wiederholend, sauerstoffarme und mit Schwefelwasserstoff (H_2S) angereicherte ozeanische Tiefenwässer in die randlichen Meeresbecken überschwappten? Und war es die geringe Mobilität und Flexibilität der Ediacara-Organismen, die es ihnen nicht erlaubte, rasch genug zu reagieren?

EXPLOSION DER LEBENSVIELFALT

Die Grenze Proterozoikum-Phanerozoikum ist die markanteste in der geologischen Zeitskala der Erdgeschichte. Mit der ersten Periode des Phanerozoikums, dem Kambrium, kamen wie mit einem Paukenschlag Organismen auf, die aus Mineralstoffen aufgebaute Skelette hatten. Bereits in der ersten Hälfte des 19. Jahrhunderts war dieses Phänomen den Naturforschern aufgefallen, denn die Skelette sind ohne optische Hilfsmittel bereits mit »unbewaffnetem« Auge in den Gesteinen zu sehen. Daher nannten sie den für die Erdgeschichte einmaligen Abschnitt »Zeitalter des sichtbaren Lebens«, bzw. der wissenschaftlichen »Amtssprache« folgend, »Phanerozoikum« (griechisch *phanerós* = sichtbar und *zôon* = Lebewesen). Mit dem Moment des Aufkommens von Skeletten trat ein Quantensprung im Fossilbericht der Erdgeschichte ein. Wenn wir im Vergleich dazu die Geschichte der Menschheit verfolgen, wird klar, dass mit der »Erfindung« schriftlicher Aufzeichnungen eine unglaubliche Informationsexplosion einsetzte, denn mit der Schrift wurde die Sprache und das menschliche Wissen für die Nachwelt »haltbar gemacht«. Mit dem Aufkommen von Skeletten ist die Datenlage über die Veränderungen der Organismen und die Auflösung der evolutiven Entwicklung des Lebens ebenso schlagartig um viele Größenordnungen detaillierter. Es scheint so, als hätte das Leben mit den Skeletten die Schrift erfunden, um die eigene Geschichte und die der Umwelt fortan niederzuschreiben. Die Aufzeichnungen beginnen daher plötzlich und inmitten eines Entwicklungsprozesses. Und so entsteht der Eindruck, als wäre ab dem Kambrium die Mehrheit unserer heutigen tierischen Vielfalt plötzlich und unangekündigt auf die Erde gekommen. Das Phänomen des raschen Auftauchens einer großen Fülle an Tier-Bauplänen, gepaart mit der hohen Komplexität der neuen Lebewesen wird als »Kambrische Explosion« bezeichnet. Viele der ersten versteinerten Zeitzeugen der damaligen Lebewelt weisen erstaunlich komplexe Organe, spezialisierte Fresswerkzeuge, Extremitäten mit Gelenken oder hochdifferenzierte Sinnesorgane auf. Beispielsweise hatte *Fuxianhuia*, ein vor rund 520 Millionen Jahren lebender »Ur-Skorpion«, ein Gehirn »modernen Typs« mit dreigliedrigem Aufbau. Sein Herz-Blutkreislaufsystem ähnelte dem heutiger krebsartiger Tiere, ja war sogar noch komplizierter gebaut. Und *Anomalocaris*, die etwa gleichaltrige »ungewöhnliche Garnele«, die damals als gefürchtetster Räuber an der Spitze der Nahrungspyramide stand, war mit Facettenaugen ausgestattet, die aus bis zu 16.000 dicht gepackten Linsen bestanden. In ihrer Komplexität standen diese Augen nicht im Geringsten denen heutiger Libellen, Stubenfliegen und Bienen nach.

Die Frage stellt sich, wie es dazu gekommen ist, dass Lebewesen Skelette entwickelten und warum dies erst vor einer halben Milliarde Jahren der Fall war, war doch das Leben so lange Zeit ohne sie ausgekommen.

Als »Biomineralisation« bezeichnet man mineralische Stoffe, die von Organismen ausgeschieden werden, um als Hartteile sehr unterschiedliche Aufgaben zu erfüllen. Diese können als schützende Panzer (Außenskelett), als Stützelemente des Körpers und als Ansatzstellen für Muskel (Innenskelett) oder als verstärkte Kau- und Beißwerkzeuge dienen. Für die Herstellung der Skelette entwickeln Organismen regelrechte biologische »Verbundstoffe« aus einer Kombination von organischen Stoffen (Proteine oder Polysaccharide) und anorganischen Komponenten (z. B. $CaCO_3$). Diese Stoffe erreichen eine Festigkeit, die diejenige des rein anorganisch entstandenen Kalkes um mehrere Größenordnungen übertrifft. Damit übersteigt die Haltbarkeit der Skelette auch bei weitem die Lebensdauer der Lebewesen selbst. Organische Hüllen wurden bereits von den paläoproterozoischen Acritarchen vor etwa zwei Milliarden Jahren entwickelt, allerdings hatten ihre hochpolymeren organischen Verbindungen keine anorganischen Stoffe eingelagert. Die derzeit ältesten mineralisierten Skelette stellen gebogene, trichterförmig ineinandergesteckte kalkige Röhren der Gattung *Cloudina* dar, die aus der Ediacara-Zeit bekannt sind. Vermutlich handelt es sich bei den Erzeugern dieser Strukturen entweder um Nesseltiere oder röhrenbauende Ringelwürmer.

An der Wende zum Kambrium wurden zwei Umweltaspekte besonders bedeutend für die weitere biologische Entwicklung und im Speziellen auch für die Bildung von Skeletten. Der eine Faktor war die signifikant zunehmende Calcium-Konzentration in den Ozeanen, die die Organismen zu reagieren zwang, denn ab einer gewissen Konzentration ruft Calcium physiologischen Stress hervor und wirkt als Zellgift. Die Ursache der Calcium-Erhöhung lag im progressiven Zerfall Gondwanas. Über hunderte Millionen Jahre hinweg waren riesige Felsmassive des Großkontinentes zu ausgedehnten Ebenen verwittert. Diese wurden erst an der Wende Proterozoikum/Phanerozoikum langsam geflutet, als der Meeresspiegel zu steigen begann. Die Küstenlinien verlagerten sich während des Meeresspiegelanstieges (= Transgression) fortschreitend landeinwärts und so konnte das Meerwasser beständig Mineralstoffe aus dem aufgewitterten Untergrund lösen und in den Ozean spülen.

Ein weiterer wichtiger Aspekt für die Evolution war, dass gegen Ende des Proterozoikums »Mord und Totschlag« unter den Vielzellern aufkam! Offensichtlich war einer der Organismen dahintergekommen, dass die Energieausbeute beim flächigen Abweiden mikrobieller Rasen erheblich geringer ist, als wenn man gleich den Weidegänger auffrisst, der sich aus dieser Nahrungsquelle bereits einen energiereichen Tierkörper aufgebaut hatte. Das Leben an sich wurde also zur Gefahr, sowohl durch die gelösten Schadstoffe in der Umwelt, wie auch durch die neu aufkommenden räuberischen Essgewohnheiten einiger Mitbewohner. In so einer Umbruchszeit war die Bildung eines Außenskelettes die optimale Reaktion, um auf beide negative Faktoren in Kombination zu reagieren. Einigen Lebewesen war es gelungen, das überschüssige Ca^{2+} aus den Zellen abzutransportieren und es in Form von Calciumcarbonaten ($CaCO_3$) und Calciumphosphaten ($Ca_3(PO_4)_2$) an den Körperoberflächen, zum Teil nur in Form von kleinen nadelförmigen Körperchen innerhalb der Haut, auszuscheiden. Die Ablagerungen von Biomineralien an den Oberflächen, bzw. in der Haut stellten sich kurzerhand als ein Vorteil heraus. Verhärtete Körperteile konnten Bissattacken der Raubtiere standhalten. Somit hatten Organismen mit Hartteilkomponenten einen selektiven Vorteil im Vergleich zu anderen, die keine oder nur geringe Biomineralisate an den Oberflächen aufweisen konnten. Doch ist in der Natur Sicherheit nur relativ und von kurzer Dauer: Auch den Prädatoren (= Organismen, die sich von anderen, noch lebenden ernähren) blieb die biologische Verbundstofftechnologie nicht verborgen. Sie begannen damit, ihre Greif-, Beiß- und Kauwerkzeuge damit auszustatten, um effektiver an ihre Opfer heranzukommen. Damit setzte ein wahrer Rüstungswettlauf um bessere Werkzeuge und bessere Schutzmaßnahmen ein. Dieses gegenseitige Wettrüsten ist der Ausdruck wechselseitiger Anpassung stark interagierender Organismen aufeinander. So ein Prozess wird als »Koevolution« bezeichnet. Er setzt sowohl Beute wie auch Räuber permanentem Stress aus und zwingt sie zu ständigen Veränderungen. Die Evolution nahm also Fahrt auf, denn beide Parteien trifft gleichermaßen der Selektionsdruck. Spätestens ab dem mittleren Kambrium (vor etwa 530 bis 500 Millionen Jahren) hatten viele sehr unterschiedliche und untereinander nicht verwandte Organismen durchgehende Außenpanzer entwickelt gehabt. Es waren Ganzkörperschutz-Vorrichtungen, die den Angriffen der großen »Panzerknacker«, wie etwa durch den bis über einen Meter großen, mit langen Stielaugen und bestens beweglichen Greifapparaten ausgestatteten *Anomalocaris,* standhalten sollten.

Das Aufkommen der massiven Skelette gibt aber noch einen zusätzlichen Hinweis auf die Umwelt. Eine »nackte« Körperoberfläche hat ein gänzlich anderes Diffusionsverhalten als ein Körper, dessen Äußeres vollständig mit dichtem Skelettmaterial versiegelt ist. Während die skelettlosen Ediacara-Organismen mit noch etwa acht Prozent der heutigen Sauerstoffkonzentration im Meerwasser leben konnten, benötigten die kambrischen Organismen mit Außenpanzern bereits zumindest zehn Prozent. Der Sauerstoffgehalt muss daher auch entsprechend angestiegen sein.

Massive Umstellungen in der biotischen wie in der abiotischen Umwelt haben die Evolution so »explosiv« angetrieben. Dazu muss noch angemerkt werden, dass der Ursprung der modernen Tierstämme aus heutigem Blickwinkel bereits deutlich weiter in der Erdgeschichte zurückliegt. Leider fehlen dazu aber derzeit versteinerte Dokumente. Betrachten wir die Organismengruppe der Schwämme (Porifera). Durch ihren einfachen Körperbau gelten sie als eine sehr »ursprüngliche« Organismengruppe, die an der Basis der Metazoen (Vielzeller) steht, denn sie verfügen weder über Muskel-, Nerven- noch Sinneszellen. Vereinfacht betrachtet verfolgen sie das Grundkonzept eines stationären multizellularen aktiven Filterapparates, der durch das Zusammenwirken von komplexen Biofilmen und Kragengeißelzellen funktioniert. Dieser Apparat ist demnach von einem symbiotischen Konstrukt aus prokaryoten Mikroben und eukaryoten Kragengeißeltierchen (Choanoflagellaten) »abzuleiten«. Genauer betrachtet stellt ein Schwamm also ein »technisch« verbessertes Modell eines »Stromatolithen« dar. Folgt man dieser Betrachtungsweise, dann sollte das Auftreten von Schwämmen deutlich vor dem Kambrium unbedingt zu erwarten sein. Leider fehlen aber körperlich erhaltene Schwamm-Fossilien aus den sehr frühen Erdzeitaltern. Ihre Existenz kann aber dennoch auf nahezu »kriminalistische« Weise in die Erdgeschichte zurückverfolgt werden, nämlich mit Hilfe geologischer »Biomarker«. Solche Biomarker stellen organische, meist fettartige Kettenmoleküle oder kombinierte Ring-/Kettenmoleküle dar, die sehr lange geologische Zeiträume überstehen können und zusätzlich eindeutige Rückschlüsse über ihre biologische Herkunft erlauben. So konnten mit dem Biomarker »24-Isopropylcholestan (24-IPC)« im Zuge von Erdölbohrungen im Oman Hornkieselschwämme nachgewiesen werden, die ein Alter von 635 Millionen Jahren aufweisen. Das älteste »Körperfossil« eines nur 1,2 mm großen Schwammes mit dem Namen *Eocyathispongia qiania* aus der Doushantuo-Formation (Weng'an, Provinz Guizhou, Südchina) ist zumindest auch gut 600 Millionen Jahre alt. Mit diesen Funden, die also einige zehn Millionen Jahre vor die erwähnte kambrische Explosion datieren, lässt sich die Metazoen-Entwicklung deutlich weiter in die Erdgeschichte zurück verlegen. Folgt man den Berechnungen mit Hilfe molekularer Uhren, sollten sich allerdings noch einige zehn Millionen Jahre vor diesen fossilen Nachweisen die Bilateria (= Gewebetiere mit Spiegelsymmetrie) und die Cnidaria (= Nesseltiere) vor etwa 700 Millionen Jahren bereits von den Schwämmen getrennt haben. Anzumerken ist dabei Folgendes: Solche Berechnungen erfolgen auf der Basis von Sequenzvergleichen von Genen und Proteinen unterschiedlicher Organismen. Aus deren Differenz oder Übereinstimmung lässt sich die evolutionäre Verwandtschaft auf der Ebene des Erbguts ableiten, wobei angenommen wird, dass die im Verlauf der Evolution aufgetretenen Mutationen sich im Erbgut dokumentiert haben und dass die Mutationsrate über Jahrmillionen hinweg konstant im Bereich von 0,2 bis 1 % pro Million Jahre erfolgt war. Generell gibt es eine Diskrepanz zwischen den Daten der molekularen Uhren und den Fossildokumenten moderner Tierstämme. Fossilfunde treten fast immer deutlich »verspätet« gegenüber den »molekularen Daten« auf, eine Tatsache die zum Teil auch dadurch begründet ist, dass mit zunehmendem erdgeschichtlichem Alter die Wahrscheinlichkeit der Überlieferung von Fossil-Dokumenten abnimmt. Als ein sehr früher fossiler Nachweis für einen Vertreter der Bilateria gilt *Kimberella*, ein vermutlicher Vorfahre der heutigen Mollusken (Weichtiere). Die Funde der bis 15 cm großen, achsensymmetrischen (bilateralen)

Individuen von *Kimberella* aus der Ust'-Pinega-Formation am Weißen Meer (Russland) konnten radiometrisch auf 558 bis 555 Millionen Jahre datiert werden.

Was ist das Besondere an den Bilateria, und warum ist uns ihre Entwicklung wichtig? Bilateria weisen zumindest im Larvenstadium zwei zueinander spiegelbildlich symmetrische Körperhälften (= Bilateralsymmetrie) auf. Sie sind überwiegend einzeln lebend und frei beweglich, wobei die Spiegelachse ihres Körpers auch in der Fortbewegungsrichtung liegt. Da die meisten unter ihnen aktiv nach Nahrung suchen, kam der evolutiven Entwicklung eines Kopfabschnittes (= Cephalisation) eine besondere Bedeutung zu: Hier ist der Sitz eines übergeordneten Teils des Nervensystems, nämlich das Gehirn. Hier befinden sich aber auch Licht-, Tast- und Chemorezeptoren, sowie spezielle Strukturen für den Nahrungserwerb, wie Tentakel, Raspelzunge, Zähne etc. Aus einfachen Bilateria sind in kleinen Schritten über den Verlauf von Jahrmillionen die vielfältigen Formen aller höheren Tiere, und darunter auch wir Menschen, entstanden. Dabei entwickelten sich zwei Hauptabstammungslinien, aus denen sich die Wirbellosen und die Wirbeltiere entwickelten. Die Abspaltung der beiden »Großgruppen« dürfte im Zeitintervall vor 600 bis 540 Millionen Jahren erfolgt sein. Aus diesem »kritischen« Intervall stammen Fossilbelege mikroskopisch kleiner, phosphoritischer Kügelchen aus der Doushantuo-Formation Südchinas. Sie stellen möglicherweise »Blastomeren-Stadien«, also Furchungsteilungen befruchteter Zellen und frühe »Embryonen« der Bilateria dar.

Gegen Ende der Ediacara-Zeit, also etwa zur Zeit der »Blastomeren-Stadien«, kommen vermehrt auch fossile Lebensspuren auf. Fossile Lebensspuren, oder »Spurenfossilien« unterscheiden sich von »normalen« Fossilien dadurch, dass die ehemaligen Organismen nicht als Abdrücke ihrer Körperoberflächen oder als Skelette erhalten geblieben sind. Vielmehr bilden sie im Sediment »versteinerte Aktivitäten« von Tieren ab, wie Fortbewegung und Nahrungserwerb. Die

Spurenfossilien des Ediacariums waren zunächst noch einfach und deuten auf ein simples Verhalten flach grabender Organismen hin. Die große Mehrzahl der Erzeuger fossiler Lebensspuren ist unbekannt, wohl auch deshalb, weil die meisten Urheber der Spuren verschiedenartige Würmer waren, die lediglich aus Weichkörpern bestanden haben und daher nicht fossil wurden. Ähnliches gilt auch für das weltweit verbreitete früheste komplexe Spurenfossil *Trichophycus pedum*. Strukturell besteht die unter diesem Namen bezeichnete Fraßspur aus einer gebogenen, mehrere Zentimeter langen Röhre, von der einige Gabelungen wegführen können. Die Abzweigungen von der Hauptröhre werden als einzelne Vorstöße auf der Suche nach Nahrung gedeutet. Aus der Komplexität von *Trichophycus* lässt sich ableiten, dass der spurenerzeugende Organismus bereits eine gut organisierte Anatomie besessen haben muss. Allgemein wird ein bereits höher entwickelter vielzelliger Organismus (= Metazoa) mit einem Coelom (griechisch *koiloma* = Vertiefung und *koilos* = hohl) vermutet. Das Coelom, oder die »sekundäre Leibeshöhle«, umkleidet als flüssigkeitsgefüllter Raum den Darm, die Lunge sowie das Herz und verschafft den inneren Organen einen gewissen Bewegungsfreiraum, um sich in ihrer Größe und Position verändern zu können, z. B. für das Schlagen des Herzens oder das Füllen bzw. Leeren der Lungen. Zudem übernimmt bei vielen Wirbellosen das flüssigkeitsgefüllte Coelom in der Funktion als hydrostatisches Organ wichtige Aufgaben der Formstabilität und Fortbewegung. Teile der Muskulatur arbeiten dabei gegen das nicht komprimierbare Flüssigkeitspolster des Coeloms, womit mechanische Kräfte effektiv weitergeleitet werden können und in der Funktionsweise gewissermaßen einem technischen Hydrauliksystem (z. B. einer Autobremse) gleichen. Auf den Punkt gebracht bedeutete die Evolution eines Coeloms eine große Steigerung der »Effektivität«, denn es erhöhte die Leistung der Organe und die Beweglichkeit der Tiere erheblich. Auch tieferes Eingraben zur Nahrungssuche im Sediment, bessere

Beweglichkeit im dichteren Medium und effektivere Atmung im nicht allzu sauerstoffreichen Meeresboden war dadurch möglich.

Die leistungsfähigen »Coelomaten« konnten rasch unterschiedliche ökologische Nischen besetzen und entwickelten noch vor bzw. zu Beginn des Phanerozoikums die heutigen Tierstämme der Anneliden (= Ringelwürmer), Arthropoden (= Gliederfüßer), Mollusken (= Weichtiere), Echinodermaten (= Stachelhäuter) und Chordaten (= Chordatiere).

Zog man gut 150 Jahre lang die Grenze zwischen Proterozoikum und Phanerozoikum mit dem Erstauftreten von Trilobiten (= »Dreilapperkrebse«), so änderte sich das, als die International Commission on Stratigraphy (ICS) zu Beginn der 1990er Jahre den »Fußpunkt« des Kambriums – und damit den Beginn des Äonothems Phanerozoikum – mit dem GSSP (Global Boundary Stratotype Section and Point) am Fortune Head auf der Burin-Halbinsel im südöstlichen Neufundland (Kanada) festlegte. Aus der Sicht der Entwicklung der Organismen verlagerte sich damit die Grenze deutlich vor die Zeit der ersten Trilobiten. Der »Fußpunkt« oder die »Einschlagstelle des Goldenen Nagels« markiert das Erstauftreten des bereits erwähnten Spurenfossils *Trichophycus pedum* und kennzeichnet damit einen offenkundig starken Impuls in der phylogenetischen Entwicklung der Metazoen, dem eine Massenradiation der wirbellosen Tierstämme folgte. Weitere, körperlich ebenfalls nicht erhalten gebliebene Erzeuger von Spurenfossilien zeigen mit der Zeit zunehmend kompliziertere und tiefergelegene Grab- und Wohnbauten. Sie erschlossen quasi die dritte Dimension in die Tiefe des Untergrundes. Dieser Prozess wird als »Agronomische Revolution« bezeichnet und hatte weitreichende Konsequenzen. Durch das Durchpflügen der oberflächennahen Schichten wurden die mikrobiellen Matten zerstört, die zuvor die Meeresböden weiträumig versiegelt hatten und damit auch keine Möglichkeit der Durchlüftung der oberen Horizonte zuließen. Somit waren nun neue Lebensräume für Organismen vorhanden, die Schutz im Boden suchten, den Sand auf Nahrung durchwühlten, oder nur eingegraben lebten, um an der Grenzfläche zwischen Sediment und Wassersäule Nahrung aus dem Meerwasser zu filtern.

Damit war zu Beginn des Phanerozoikums ein erstes komplexes Nahrungsnetz entstanden. Während die Mikrobenmatten-fressenden »Weidegänger« nur noch weniger als 5 % der Fauna ausmachten, betrug der Anteil an »Suspensionsfressern«, die die Nahrung aus dem Wasser filtrierten, mehr als 50 %. Auf dem und im Sediment mobil lebende »Depositfresser«, die fein verteilte Nahrung mit dem sandigen Material zu sich nahmen, waren zu etwa 15 % vertreten. Aas- bzw. fleischfressende Vertreter des Nahrungsnetzes kamen immerhin bereits auf 25 %.

Fünfmal Pech, oder fünfmal Glück? Der lange Atem des Lebens während der letzten 500 Millionen Jahre

Mit dem Beginn des Phanerozoikums vor etwa 540 Millionen Jahren beginnt die »Jetztzeit« unseres Planeten. Nach 4 Milliarden Jahren hatte die Erde in ihrer Entwicklung einen Zustand erreicht, der dem heutigen im Wesentlichen bereits glich. Charakteristisch und einzigartig für unseren Planeten ist, dass sich ein vernetztes System zwischen Lithosphäre, Hydrosphäre, Atmosphäre und Biosphäre etabliert hat. Unter den Sphären laufen wichtige Stoffflüsse hin und retour, die speziell von der Biosphäre für den Energie- und Stoffwandel genutzt werden. Betrachtet man die Interaktionen der Sphären, sollte man folgende Massenverhältnisse bedenken: Die Masse der Erde beträgt $5{,}97 \times 10^{24}$ kg. Mit $2{,}6 \times 10^{22}$ kg beträgt der Anteil der Lithosphäre etwa 0,4 % an der gesamten Erdmasse. Im Vergleich zur Lithosphäre haben die Hydrosphäre, Atmosphäre und erst recht die Biosphäre scheinbar vernachlässigbare Größen bzw. Prozentanteile. Die Masse der Hydrosphäre beträgt $1{,}4 \times 10^{21}$ kg. Sie nimmt damit 0,023 % am Gesamtsystem ein, die Atmosphäre mit $5{,}15 \times 10^{18}$ kg etwa 0,000086 % und die Biosphäre mit 4×10^{15} kg nur 0,0000000067 %!

Trotz der geringen Masse- und Prozentwerte hat die Biosphäre ab der zweiten »Lebenshälfte« der Erde aber ein großes gestalterisches Potential gezeigt: O_2-produzierende Organismen hatten die ursprüngliche, nahezu sauerstofffreie Atmosphäre durch oxygene Photosynthese in ein oxidierendes Gasgemisch überführt, das aktuell neben dem dominant vorkommenden Stickstoff (N_2) aus fast 21 Volumenprozent Sauerstoff (O_2) besteht. Bereits zu Beginn des Phanerozoikums hatte die Atmosphäre schon 15 % des heutigen O_2-Wertes und damit auch schon längst eine Ozon-Schichte aufgebaut, die vor kurzwelliger, lebensfeindlicher UV-Strahlung der Sonne schützte. Gleichermaßen hat die Biosphäre durch ihre kohlenstoffbindenden Aktivitäten den CO_2-Partialdruck der Atmosphäre drastisch herabgesetzt. Aus den riesigen Massen an kalkigen Skeletten entstanden nach dem Tod der Organismen Kalk- ($CaCO_3$) und Dolomitgesteine ($CaMg[CO_3]_2$). Diese häufig sogar Gebirgszüge aufbauenden Karbonatgesteine können den Kohlenstoff über viele hunderte Millionen Jahre hinweg binden. Sie entziehen im Vergleich zu anderen Reservoirs, wie Humus und Torf, aber auch Kohle, Erdöl und Erdgas, quantitativ weitaus mehr – und vor allem auch geologisch betrachtet über weitaus längere Zeiträume hinweg – dem Kreislauf den Kohlenstoff. Mit dem langfristigen Entzug des Kohlenstoffs aus der Atmosphäre nimmt die Biosphäre direkten Einfluss auf das Klimageschehen, denn CO_2 ist ja ein wichtiges Treibhausgas. Der derzeitige »Treibhauseffekt« beschert uns auf der Erde eine relativ gemütliche Durchschnittstemperatur von +14 °C gegenüber der Gleichgewichtstemperatur, die sich ohne Atmosphäre bei frostigen –18 °C einstellen würde. Diese Temperaturdifferenz von gut 30 °C verdanken wir unter anderem dem Kohlenstoffdioxid, das derzeit in einer Konzentration von weniger als einem halben Promille in der Atmosphäre vorkommt. Man bedenke aber, dass die »erste« Atmosphäre, die sich aus den Gasen des Erdmantels zusammensetzte, noch mindestens aus 10 % CO_2 bestand. Unter den Bedingungen der heutigen Strahlungsleistung der Sonne hätte so ein Konzentrationswert fatale Folgen auf das Klima. Dass die Konzentration an CO_2 in der Atmosphäre beim Wert von etwa 0,04 % und nicht weit darüber liegt, begründet sich darin, dass die Biosphäre durch die Bildung kalkiger Skelette dem System mehr als 60.000.000 Gigatonnen Kohlenstoff (Gt = 1.000.000.000 Tonnen) entzogen und »versteinert« in Karbonatgesteinen »gebunkert« hat.

Während der kambrischen Explosion lag der atmosphärische CO_2-Gehalt bei etwa 0,6 %. Dieser Wert änderte sich rasch, als sich gegen Ende des Ordoviziums vor ca. 440 Millionen Jahren die ersten Landpflanzen entwickelten. Der zunehmend verfügbare Sauerstoffgehalt hatte einen entscheidenden Einfluss auf die Evolution der Tierwelt. Ab bestimmten Luftsauerstoffgehalten war es schließlich auch möglich, das Meer zu verlassen und am Land zu leben. Die Arthropoden (Gliederfüßer) als die ersten Landgänger lösten das Problem der Luftatmung auf eine ganz spezifische Weise, indem sie röhrenförmige Strukturen entwickelten, die mit einer Pore in der äußeren Chitinhülle beginnen und die Luft direkt über verzweigte Kanäle ins Körperinnere leiten. Über dieses Kanalsystem, die Tracheen, folgt der Sauerstoff einfach dem Konzentrationsgefälle ins Gewebe, wo er verbraucht wird. Da die Diffusionsgeschwindigkeit des Sauerstoffs die Effizienz der Atmung und damit auch die Leistungsfähigkeit des individuellen Organismus' bestimmt, ist die Größe tracheenatmender Tiere heute relativ gering. Wie sehr der atmosphärische Sauerstoffgehalt Einfluss auf die Entwicklung dieser Tiergruppe nahm, kann an Fossilfunden aus der oberen Karbonzeit (vor etwa 300 Millionen Jahren) bemessen werden. Aus unterschiedlichen geochemischen Daten ist bekannt, dass während dieses Zeitabschnittes der Sauerstoffgehalt deutlich über den heutigen Werten bei rund 35 % lag – und das machte sich in den Individualgrößen so mancher Tracheenatmer eindrucksvoll bemerkbar. Beispielsweise erreichten die Flügelspannweiten der Riesenlibelle *Meganeura* bis zu 70 cm und der »Ur«-Tausendfüßer *Arthropleura* hatte eine Körperlänge von etwa 2,5 Metern. Der hohe O_2- und zugleich auch geringe CO_2-Gehalt in der Atmosphäre hatte mit dem unglaublich raschen Wachstum der Farne, Bärlapppflanzen, Schachtelhalme, Gefäßsporenpflanzen (Pteridophyta) und anderen Florenelementen der sogenannten »Steinkohlewälder« zu tun. Zum einen wurde der Sauerstoff aus den immensen Waldbeständen in großen Mengen in die Atmosphäre abgegeben, zum anderen kam es aber auch zusätzlich zur Fixierung gigantischer Mengen an Kohlenstoff für den Aufbau pflanzlicher Biomasse. Die Kohlenstoffbindung erfolgte

aber nicht nur kurz- bis mittelfristig, also für einige Jahrhun-
derte und Jahrtausende, wie in unseren heutigen Regenwäl-
dern, sondern geologisch langfristig und äußerst effektiv. Zu
keiner erdgeschichtlichen Periode wurde so viel pflanzliches
Material fossil und damit solche Mengen an Kohle – nämlich
unsere Steinkohlevorkommen – gebildet. Der Grund für die
gigantische Ansammlung von Pflanzenmasse liegt in einem
simplen Grund: Zur damaligen Zeit gab es noch keine »Weiß-
fäule«, also nicht jene speziellen Pilze (Agaricomycetes), denen der Abbau von Lignin (lateinisch *lignum* = Holz) möglich
ist. Sie kamen erst vor etwa 300 Millionen Jahren auf. Zuvor
abgestorbene Bäume wurden daher nicht abgebaut und bildeten über lange Zeit hindurch mächtige Schichten organischen Materials, aus denen sich mit der Zeit Kohleflöze
(= ausgedehnte, parallel zur Gesteinsschichtung verlaufende
Lagerstätten) bildeten. Uns bringt das aus heutiger Sicht einen lohnenden Vorteil, denn in den Steinkohlen hat sich die
damalige Sonnenenergie gespeichert. Diese »fossile« Energie
wird uns nun in Form des Brennwerts von 33 bis 35 MJ (MJ =
Megajoule = 1.000.000 Joule) pro Kilogramm zurückgeben,
wenn wir die Kohle verheizen. Aus damaliger Sicht, das
heißt aus der Perspektive der Karbonzeit, wäre die Beurtei-
lung der Umwelt allerdings eher negativ ausgefallen. Aufgrund des sehr hohen Sauerstoffgehaltes der Atmosphäre
barg jedes heftigere Gewitter die Gefahr in sich, dass ein sol-
ches in großräumigen Waldbränden enden konnte, denn die
Entzündungsgefahr war enorm hoch. Vorkommen von »Fa-
serkohle« (Fusinit), einer Art versteinerter »Holzkohle«, deuten auf solche Ereignisse hin. Gegen Ende des Karbons (lateinisch *carbo* = Kohle) begann sich die O_2-Konzentration der
Atmosphäre wieder zu »normalisieren« und auch der CO_2-
Gehalt stieg wieder an. Die Erde schien sich wieder zu beru-
higen …

Überblickt man die »Zustandsgrößen« der Erde durch das
Phanerozoikum hindurch, scheinen sich die Werte in einem
maßvollen Rahmen zu bewegen, die keine »lebensbedrohli-

chen« Grenzwerte ansteuern. Aus der Perspektive heraus, dass unter den Sphären (Litho-, Hydro-, Atmo-, Biosphäre) stattfindende Stoffflüsse »selbstorganisierend« und entsprechend »kontrolliert« ablaufen, entstand zu Mitte der 1960er Jahre die »Gaia-Hypothese«. Gaia ist, der griechischen Mythologie folgend, die aus dem Chaos entstandene wohlwollende und gutherzige Ur-Göttin Erde. Die spekulative Vorstellung der Gaia-Hypothese ging davon aus, dass sich der Planet Erde wie ein Gesamtlebewesen verhält und sich selbst die Bedingungen schafft, die das Leben »am Leben« erhält. Ähnlich wie die zuvor skizzierte Entwicklung des O_2- und CO_2-Gehalts der Atmosphäre zur Karbonzeit, bei der vom System aus selbst durch das Aufkommen Lignin-abbauender Pilze der Kohlenstoffentzug gedrosselt wurde, lassen sich weitere Beispiele heranziehen, wie die Erde »reagiert«, wenn sich lebensbedrohliche Situationen einstellen sollten. Die Hypothese hat ein verlockend gutmeinendes Sujet: Demnach setzte Gaia alles daran, das Leben auf ihr zu erhalten und versuchte sogar die Lebensbedingungen an die jeweiligen Bedingungen zu optimieren. Das eindrucksvolle Produkt dieser Bemühungen mag man in der heutigen Artenvielfalt der Organismen sehen, die zudem die gesamte Erde bis in den letzten Winkel besiedeln, von der Tiefsee bis in die Gebirge, von den Wüsten bis in die Lüfte. Doch wie verhielt Gaia sich zu den »bösen Kindern«, die nicht in ihr Konzept passten? Was geschah mit Panzerfisch, Saurier, Mammut und Co.? Nur lieb und nett war Gaia offensichtlich nicht, das hat uns die Erdgeschichte gezeigt.

Ein Blick auf die geologische Zeittafel zeigt die Einteilung des jüngsten Äonothems in die gut bekannten Zeitabschnitte Paläozoikum, Mesozoikum und Känozoikum, oder »eingedeutscht« Erdaltertum, Erdmittelalter, Erdneuzeit.

Von der Kulturgeschichte wissen wir, dass der geschichtswissenschaftliche Begriff »Altertum« ein epochales Intervall darstellt. Es spannt den zeitlichen Bogen zwischen der Erfindung des Rades und der Ausbildung der Schrift in Mesopotamien, über die Berechnung von Bewässerungssystemen und dem Pyramidenbau in Ägypten, dem »geistigen Urknall« in Griechenland mit der Etablierung der Demokratie und dem Aufkommen der Philosophie als »Mutter der Wissenschaften« bis zum glänzenden Aufstieg und letztendlichen Zerfall des römischen Staatengefüges während der Völkerwanderung. Große Errungenschaften zu Beginn und der Zusammenbruch dessen, was man gemeinhin unter Zivilisation verstand, am Ende, markieren die Epochengrenzen.

Ganz ähnlich verhält es sich mit den erdgeschichtlichen Ären (Ärathemen), dem Paläo-, Meso- und dem Känozoikum: Zu Beginn des Paläozoikums stand im Kambrium (vor 541 bis 485 Millionen Jahren) die revolutionäre Entwicklung und Diversifizierung fast aller heute noch existierender Stämme der Wirbellosen, wie Porifera (Schwämme), Cnidaria (Nesseltiere), Mollusca (Weichtiere), Brachiopoda (Armfüßer), Arthropoda (Gliederfüßer) und Echinodermata (Stachelhäuter), wie auch der Vorläufergruppen der Wirbeltiere. Im Ordovizium (vor 485 bis 443 Millionen Jahren) entstanden erste größere und komplexere Riffökosysteme und die Pflanzen wagten sich auf das Festland. Während des Silurs (vor 443 bis 419 Millionen Jahren) waren die ersten kiefertragenden Wirbeltiere (Gnathostomata), später die aufkommenden Knochenfische (Osteichthyes) mit bis zu zwei Meter langen »Seeskorpionen« (Eurypteriden) in den flachen Randmeeren vergesellschaftet, während in Küstennähe an Land erste, noch nicht in Wurzel, Stamm und Blätter differenzierte Gefäßpflanzen (= Kormus) grünten. Im Devon (vor 419 bis 359 Millionen Jahren) entwickelten sich aus den im Süßwasser lebenden Knochenfischen (*Eusthenopteron*) die Amphibien. Amphibien (griechisch *amphíbios* = doppellebig) bewohnen sowohl aquatische als auch terrestrische Habitate, kommen also sowohl im Wasser, wie auch an Land gut zurecht. Für ihren Reproduktionszyklus sind sie allerdings auf Süßwasseransammlungen, in denen sie eine relativ kurze Embryonalphase mit anschließendem vollaquatischen Larvenstadium verbringen, angewiesen. Einer der ersten Vertreter unter dieser Tierklasse, der das Land wohl vergleichbar unelegant wie eine Raupe besuchte, war vor etwa 370 Millionen Jahren *Ichthyostega* (griechisch *ichthys* = Fisch und *stega* = Dach, Schädel). Selbst wenn *Ichthyostega* einen letztendlich erfolglosen Versuch der Anpassung des (Körper-)Bauplans der Tetrapoden (griechisch *tetra* = vier und *pod* = Fuß) an eine Fortbewegung auf dem Land dargestellt haben mag, so waren es doch seine »Kollegen«, die die Anpassungsprobleme erfolgreich gelöst und den Weg für alle landlebenden Wirbeltiere frei gemacht haben. Das Leben am Land stellte auch an die Pflanzen beachtliche Anforderungen betreffend Verankerung, Verdunstungsschutz, Versteifung, Gasaustausch, Nährstofftransport gegen die Anziehungskraft durch einen verhältnismäßig langen, aufrechten Körper und vieles mehr. Ab dem Mittel- bis Oberdevon waren diese Probleme überwunden und die ersten Wälder breiteten sich in den sumpfigen, tropisch-warmen Gebieten aus. Im Karbon (vor 359 bis 299 Millionen Jahren) entstanden die bereits erwähnten weit ausgedehnten Kohlesumpfwälder mit ihren markanten Vertretern der Bärlapppflanzen, den bis zu 40 Meter hohen Schuppen- (*Lepidodendron*) und Siegelbäumen (*Sigillaria*) und den zu den Schachtelhalmen gehörenden ebenfalls bis zu 20 Metern Höhe auswachsenden Baumformen der Kalamiten (*Calamites*). Auch die ersten Vertreter der trockenresistenteren Nacktsamigen Pflanzen (Gymnospermen) kamen auf, die mit einigen nadeltragenden Formen im Perm (vor 299 bis 252 Millionen Jahren) überhandnahmen. Während der klimatischen Umstellung zu deutlich trockeneren Gegebenheiten stellte es sich für die Landwirbeltiere als günstig heraus, im Lebenszyklus eine weitgehende Unabhängigkeit vom Wasser zu erreichen. Das gelang den »Reptiliomorpha«, die ein Ei entwickelten, das von einer luftdurchlässigen und vor Austrocknung schützenden Schale umhüllt ist. Dieser sich grundlegend vom »wasserabhängigen« Amphibien-Ei unterscheidende Ei-Typus wird nach einer der extraembryonalen

Eihüllen, dem Amnion, benannt. Diese Hautblase hält das Fruchtwasser im Ei, sorgt für den jeweils »einbahnigen« Austausch von Kohlenstoffdioxid und Sauerstoff und nimmt die Abfallprodukte des embryonalen Stoffwechsels auf. Damit wirkt das »Amniotische Ei« wie ein kleiner, in sich geschlossener Tümpel, in dem die Landwirbeltiere ihren gesamten »pränatalen« Lebenszyklus vollständig am trockenen Land durchmachen können. Dieses »Reptilien-Ei« oder Amniotische Ei entstand vor etwa 315 Millionen Jahren im Oberkarbon. Es hat zur Anpassung an ein endgültiges Landleben der Wirbeltiere geführt, die nunmehr in der Lage waren, sich auch in trockene Regionen auszubreiten. Evolutiv hat das »Reptilien-Ei« in weiterer Folge zum Vogel-Ei und zum Säuger-Ei geführt. Demzufolge zählen auch zu den sogenannten Amnioten (Amniota) als Untergruppen die heutigen Schuppenechsen (Lepidosauria), die Schildkröten (Testudines), die Krokodile (Crocodylia), die Vögel (Aves) und die Säugetiere (Mammalia). Die Säugetiere, die sich aus »reptilähnlichen« Zwischenformen an der Wende Trias/Jura (um etwa 200 Millionen Jahre) entwickelten, haben die Strategie des »Reptilien-Eis« perfektioniert: Ihre Embryonen reifen komplett innerhalb des Körpers, wobei diese im Uterus (= »Gebärmutter«) ebenfalls vom flüssigkeitsgefüllten Amnion (= »Fruchtblase«) vor Austrocknung geschützt werden.

Das Mesozoikum, also das »Erdmittelalter«, als nächster großer zeitlicher Abschnitt des Phanerozoikums, ist in den letzten Jahrzehnten dank einiger Hollywood-Verfilmungen über gentechnisch »wiederbelebte« Riesenechsen zum allgemein bekannten »Zeitalter der Saurier« avanciert. In der Trias (vor 252 bis 201 Millionen Jahren) nahmen neben den aus dem Perm bereits bekannten »säugetierähnlichen Reptilien« (Therapsiden) die Sauropsida einen ungeheuren Aufschwung. Ab der Mittleren Trias (vor etwa 235 Millionen Jahren) entstanden die Dinosaurier (griechisch *deinós* = schrecklich und *sauros* = Eidechse) mit zunächst verhältnismäßig kleinen, auf zwei Beinen laufenden, fleischfressenden Formen (Theropoden), denen im Laufe der Zeit die ersten Pflanzenfresser (Prosauropoden) folgten. Da die Prosauropoden zu größeren Individuen heranwuchsen, mussten diese wegen ihres Gewichtes auf allen Vieren laufen. Erst verspätet tauchten unter den Pflanzenfressern die kleinen, bipeden (lateinisch *bis* = doppelt und *pes* = Fuß) Ornithopoden auf. Palmfarne (Cycadales) und Vertreter der Nacktsamigen Pflanzen (Gymnospermen) bestimmten das Florenbild, das gegen Ende der Trias durch die Bennettiteen bereichert wurde. Letztere besaßen bereits blütenähnliche Organe, die auf eine Bestäubung durch Insekten schließen lassen. Im marinen Raum entwickelten sich ab der Mittleren Trias Korallenriffe, die von »modernen« Steinkorallen (Scleractinia) aufgebaut wurden. Das Meer beherbergte aber noch weitere Besonderheiten, wie die mit einem spiraligen Außenskelett versehenen Ammoniten (»Ammonshörner«), die schon seit dem Devon existierten, aber nun ihre große Entfaltung starteten. Oder die stattliche Körpergrößen erreichenden »Fischsaurier« (Ichthyosaurier) und »Flossenechsen« (Sauropterygia).

Im Jura (vor 201 bis 145 Millionen Jahren) wurde das Klima generell feuchter und wärmer, ein Umstand der dazu führte, dass eine artenreiche, tropische Pflanzenwelt weite Teile der Landmassen erobern konnte. Den Dinosauriern war das Klima und die üppige Pflanzenwelt offensichtlich sehr willkommen, denn sie entfalten eine immense Formenvielfalt und begannen die terrestrischen Ökosysteme dominierend zu besetzen. Aus dem Oberjura sind riesige pflanzenfressende sauropode Dinosaurier (Saurischia) und einige der größten fleischfressenden theropoden Dinosaurier bekannt. *Brachiosaurus* beispielsweise, der im Vergleich zum Gesamtkörper einen sehr kleinen Schädel hatte und mit einem außergewöhnlich langen Hals (8 bis 9 m) ausgestattet war, brachte mit seiner Körperlänge von 25 Metern und der Schulterhöhe von über fünf Metern vermutlich etwa 30 Tonnen auf die Waage. Solche gigantischen Pflanzenfresser haben ihre Nahrung nicht gekaut, sondern sie einfach hinuntergeschlungen. Daher kamen sie auch mit so kleindimensionierten Schädeln aus, denn sie benötigten weder Zähne noch eine ausgeprägte Kaumuskulatur. Der größte Raubdinosaurier zu dieser Zeit war *Allosaurus*, der etwa 9 Meter lang und rund 1,5 Tonnen schwer wurde. Er war wie alle Theropoden ein Zehengänger und bewegte sich nur auf den Hinterbeinen fort. Ebenfalls im Oberjura hat sich aus den kleinen Vertretern theropoder Dinosaurier der etwa taubengroße »Urvogel« *Archaeopteryx* (griechisch *archaîos* = uralt und *ptéryx* = Feder) entwickelt. Inwieweit *Archaeopteryx* bereits den Schlagflug beherrschte, oder lediglich zum Gleitflug von einem erhöhten Punkt herab fähig war, wird noch immer kontrovers diskutiert, ebenso ob das Federkleid des Urvogels vordringlich dem Fliegen, oder nur der Thermoregulation (Wärmung) diente. Definitiv gute, aktive Flieger der damaligen Zeit waren die bereits in der Oberen Trias aufgekommenen »Flugsaurier« (Pterosauria). Sie waren durch ihre großen Flughäute, die sie zwischen dem stark verlängerten vierten Finger (entspricht unserem kleinen Finger) und dem Körper spannten, als erste Wirbeltiere in der Lage, aktiv zu fliegen. Wann die ersten »echten« Säugetiere aufkamen, ist noch nicht restlos geklärt, denn viele der derzeit diskutierten Kandidaten weisen anatomische Charakteristika (vor allem betreffend Mittelohr, sekundäres Kiefergelenk, Zähne) auf, die zwischen »Reptilien« und Säugern gleichermaßen vermitteln. Dementsprechend werden sie als Mammaliaformes (»Säugerartige«) bezeichnet. Sie waren an der Wende Trias/Jura aufgekommen, jedoch durch die Dinosaurier, die zu den dominierenden Landwirbeltieren aufgestiegen waren, ins Abseits gedrängt und gezwungen, eine nachtaktive Lebensweise zu führen. Die Anpassungen für diese spezielle ökologische Nische dürfte ausschlaggebend für die Entwicklung der typischen Säugetiereigenschaften wie Endothermie (= »Warmblütigkeit«), Behaarung und großes Gehirnvolumen gewesen sein. Im Jura trennten sich auch die Linien, die zu den drei Unterklassen der Säugetiere führen sollten, nämlich die Ursäuger (Protheria), zu denen die Kloakentiere (Monotremata) mit dem heutigen Schnabeltier zählen, die typischerweise mit einer Kloake ausgestattet sind, in die Darmausgang, Harnwege und Fortpflanzungsorgane münden; die Beutelsäuger (Metatheria), deren Jungtiere in einem sehr frühen Entwicklungsstadium geboren werden und anschließend in einem Beutel der Mutter heranwachsen; und die Höheren Säugetiere (Eutheria) oder Plazentatiere (Placentalia), zu denen heute die deutliche Mehrzahl der Säugerarten zählen.

Aus der Kreide (vor 145 bis 66 Millionen Jahren) sind die ersten strauchigen Pflanzenfossilien überliefert, deren Samenanlagen von einem Fruchtblatt umhüllt werden. Sie werden daher als Bedecktsamige Pflanzen (Magnoliopsida, früher: Angiospermen) bezeichnet. Molekulargenetische Daten legen zwar einen Ursprung dieser »Blütenpflanzen« mindestens im frühen bis mittleren Jura nahe, der Fossilbericht setzt aber erst verspätet ein. Zu ihrer Ausbreitung dürften Flugsaurier einen wesentlichen Beitrag geliefert haben, die sich von ihren Früchten und Samen ernährten. Während in der Unterkreide die nacktsamigen Baumfarne, Ginkgos, Nadelbäume und Farne vorherrschten, waren in der unteren Oberkreide 70 % der Pflanzenarten bereits Bedecktsamige. Zu Beginn der Magnoliopsida-Evolution erfolgte die Bestäubung über pollenfressende Insekten. Später, ab der Oberkreide, weisen spezialisierte Blüten für bestimmte Nektar-sammelnde Insekten auf eine angepasste Koevolution von Blüten und Bestäubern hin. Die Kreidezeit, speziell der jüngere Abschnitt (Oberkreide), brachte in einigen Tiergruppen rekordverdächtige Riesenformen hervor. Unter den Wirbellosen erreichte der im südlichen Münsterland gefundene Riesen-Ammonit *Parapuzosia seppenradensis* einen Gehäusedurchmesser von 175 Zentimetern. Und unter den räuberischen Meeresbewohnern waren die Mosasaurier mit ihren bis 17 Meter langen stromlinienförmigen Körpern und den vier paddelähnlichen Extremitäten die Rekordhalter betreffend

Körpergröße. In Anpassung an ihr vollständiges Leben im Meer haben sie ihre Fortpflanzung auch gänzlich in den marinen Raum verlagert und waren lebendgebärend, sie mussten also nicht wie die Schildkröten zur Eiablage den mühsamen Weg ans Land antreten. Auf dem Festland konnte man ebenso mit Kolossen aufwarten. Neuere, leider nicht vollständige Knochenfunde von Titanosauriern aus dem Nordosten Patagoniens lassen vermuten, dass diese pflanzenfressenden Dinosaurier Individualgrößen von bis 40 Metern Länge und 20 Metern Höhe erreichen konnten – bei einem Lebendgewicht, das etwa dem einer Herde von 14 Afrikanischen Elefanten entsprach. Warum es zu so einem Gigantismus kommen konnte ist noch nicht bekannt. Ein Erklärungsversuch meint in der Körpergröße Vorteile für die Verdauung zu sehen, denn die Nahrung konnte bei größeren Tieren länger im Verdauungstrakt verweilen und dadurch intensiver genutzt werden. Oder war es wieder einmal das altbekannte Wettrüsten von Beute und Jägern, welches das gegenseitige Größenwachstum steigerte? Zu den Giganten unter den damaligen fleischfressenden Dinosauriern zählten ja *Tyrannosaurus rex* mit etwa 12 Metern Länge, und der vielleicht noch etwas größere *Giganotosaurus carolinii*, der eine Schulterhöhe von vier Metern und ein Gewicht von acht Tonnen erreichte. Von seinem vollständig erhaltenen Schädel weiß man über das Gehirn Bescheid. Es hatte mit einer Länge von 27,5 Zentimetern und einer maximalen Breite von 7,7 Zentimetern ein Volumen von 275 Kubikzentimetern. Das ist wiederum weniger beeindruckend, denn das entspricht gerade einer handelsüblichen Gewächshausgurke. *Giganotosaurus carolinii* hatte wie viele fleischfressende Dinosaurier eine höhere Stoffwechselrate als heutige Reptilien. Sein täglicher Nahrungsbedarf dürfte bei etwa 20 Kilogramm Fleisch gelegen haben, was dem Bedarf von 3 bis 4 ausgewachsenen Löwen entspricht.

Das größte Tier, das sich jemals in die Luft erhob, lebte ebenfalls in der Oberkreide, nämlich der Flugsaurier *Quetzal-*

coatlus. Er hatte eine Flügelspannweite von knapp 11 Metern und ein stattliches Gewicht von etwa 300 Kilogramm.

Mit dem Känozoikum, also mit der »Erdneuzeit«, begann die Lebewelt auf unserer Erde ihr heutiges Zustandsbild heranzubilden. Nach dem Verschwinden der Dinosaurier am Ende des Mesozoikums besetzten Vögel und Säugetiere deren Lebensräume. Am Beginn des Paläogen (vor 66 bis 23,03 Millionen Jahren) entfalteten sich zunächst die Vögel besonders stark und zählten in manchen Gegenden sogar zu den Spitzenprädatoren. Zu solchen »Terrorvögeln« gehörte der brasilianische *Paleopsilopterus,* der mit kräftigen Beinen ausgestattet in den sich ausbreitenden Savannen Südamerikas jagte. *Gastornis,* ein robust gebauter Laufvogel mit nahezu zwei Metern Größe und bis zu 100 Kilogramm Gewicht, war auch in Europa beheimatet. Wegen seines sehr kräftigen Schnabels unterstellte man ihm zu Unrecht eine mordende, fleischfressende Lebensweise. Weniger auf aufsehenerregende Größe setzten zunächst die Säugetiere, die zu Beginn des Känozoikums um zehn Kilogramm wogen. Etwa zehn Millionen Jahre später dokumentieren sich in den Fossilbelegen unterschiedliche Vertreter der »Echten Huftiere«. Sie umfassten zwei Großgruppen, die Paarhufer (Schweineartige, Flusspferde, Kamele, Wiederkäuer) mit den Walen, die sich sehr früh abgetrennt haben und die Unpaarhufer (Pferde, Nashörner und Tapire) mit den ausgestorbenen Meridiungulata (»Südamerikanische Huftiere«). Im oberen Abschnitt des Paläogens hatte sich das Bild der Säugetiere komplett gewandelt. Es waren nun die meisten Ordnungen mit artendiversen Gattungen vorhanden, die praktisch alle ökologischen Nischen der einstigen Saurier besetzten. Vor allem die Rüsseltiere zeigten in ihrer Evolution tendenziell eine Größensteigerung ihres Körpers, die vom Längerwerden der Stoßzähne und des Rüssels begleitet wurden. Am Ende des Paläogens lebte das größte aller landbewohnenden Säugetiere, das *Paraceratherium* (griechisch *pará* = neben, *keras* = Horn und *thēríon* = Tier) ein Verwandter der Nashörner, wie der

Name anklingen lässt. Mit Maximalgrößen von über acht Metern Kopf-Rumpf-Länge und einer Schulterhöhe von knapp fünf Metern wogen sie 20 Tonnen. Damit hätten sie ungeniert mit den Dinosauriern konkurrieren können.

Vor etwas mehr als 30 Millionen Jahren begann das »Känozoische Eiszeitalter«, das durch die beginnende Vergletscherung der Antarktis eingeleitet wurde. In Folge der weltweiten Temperaturabnahme und der geringeren Niederschlagsraten breiteten sich im Neogen (vor 23,03 bis 2,588 Millionen Jahren) offene Wälder und Graslandschaften (Savannen) zu Gunsten der zuvor weit verbreiteten tropischen Wälder aus. Auf die Veränderung der Landschaften reagierten viele Wirbeltiergruppen durch spezifische Anpassungen (Adaptationen) an die neuen Umweltverhältnisse. Ebenfalls in dieser Zeit erfolgte die Entwicklung des Menschen aus den Menschenaffen (Hominidae). Dennoch sollte man die Evolution der Vorfahren des anatomisch modernen Menschen (*Homo sapiens*) nicht im direkten Zusammenhang mit der »floristischen« Umgestaltung des Lebensraumes sehen, wie dies die heute als veraltet geltende »Savannen-Hypothese« versuchte. Dieser Vorstellung nach hätten im Verlauf der Hominisation (»Menschwerdung«) baumbewohnende Vorfahren während der Zeit, in der klimatische Trockenphasen die Regenwälder zurückdrängten, ihren Lebensraum in die baumlosen Savannen verlagern müssen. Dabei hätten sie auch allmählich die Fortbewegung auf zwei Beinen entwickelt. Der aufrechte, zweibeinige Gang zählt zweifelsfrei zu den wichtigsten Merkmalen des anatomisch modernen Menschen. Grundzüge einer Voranpassung sind aber bereits vor dem Beginn der Hominisation zu finden, als Vorfahren der Menschenaffen vor etwa 10 Millionen Jahren die sogenannte »suspensorische Fortbewegungsweise« erprobten. Mit dieser Bewegungsart ist das »Hangeln« unter dünnen Ästen gemeint, zu deren Ausführung bestimmte anatomische Veränderungen der Arme, Beine und des Rumpfskeletts gegenüber reinen Vierbeinern notwendig sind. Älteste untrügliche

Fossilbelege des aufrechten Hominiden-Ganges sind die Fährten eines *Australopithecus* (lateinisch *australis* = südlich und griechisch *píthēkos* = Affe) in 3,6 Millionen Jahre alten vulkanischen Aschen in Laetoli (nördliches Tansania). Zu Ende des Neogens, vermutlich im zeitlichen Intervall von vor drei bis zwei Millionen Jahren, haben sich aus *Australopithecus*-Arten die ersten Vertreter der Gattung *Homo*, des Menschen, entwickelt.

Der letzte Zeitabschnitt des Känozoikums, das Quartär (vor 2,588 Millionen Jahren bis heute) ist durch einen mehrmaligen Wechsel von Kaltzeiten und Warmzeiten charakterisiert, der sich auch durch unterschiedlich weit ausgedehnte Vergletscherungen in der Nordhemisphäre bemerkbar machte. Speziell die »letzte Eiszeit«, jene etwa 100.000 Jahre umfassende Kaltzeit, erlebte unser direkter »Ur-Ur-Ahne« *Homo sapiens* gemeinsam mit seinem unmittelbaren »Kollegen« *Homo neanderthalensis* sehr direkt mit. Während der »Neandertaler« vor dem Höhepunkt der Hauptvereisungsphase vor etwa 30.000 Jahren ausstarb, überlebte *Homo sapiens*. Seine Werkzeuge für das Jagen, für die Herstellung von Bekleidung und für den Zeltbau haben massiv dazu beigetragen, mit den schwierigen Umweltsituationen fertig zu werden. Die von den »Urmenschen« überlieferten Produkte werden nicht als »Fossilien« bezeichnet, sondern stellen bereits »Artefakte« (lateinisch *ars* = Handwerk und *facere* = herstellen) dar. Sie sind Gegenstände archäologischer Forschung und erlauben Einblicke in die Lebensweise vergangener Kulturen. Artefakte lassen nicht nur Rückschlüsse auf zunehmende handwerkliche Fähigkeiten der Erzeuger zu, sondern geben auch indirekt Auskunft über Veränderungen in der Zusammensetzung der Jagdtiere während der wechselnden Kalt- und Warmperioden. Schließlich wurde *Homo sapiens* auch künstlerisch tätig und hat uns beispielsweise mit den Höhlenmalereien von Altamira (Kantabrien, Nordspanien), die neulich auf ein Mindestalter von 40.800 Jahren datiert wurden, erste direkte Belege der damaligen Umwelt hinterlassen. Durch diese Darstellungen wissen wir heutzutage über das Aussehen einiger inzwischen ausgestorbener Tiere Bescheid, die sonst nur als Skelette vorliegen würden.

Die Tatsache, dass das Wollhaarmammut (*Mammuthus primigenius*) vor rund 10.000 Jahren fast völlig verschwand und schließlich vor etwa 4.000 Jahren ausstarb, wirft die generelle Frage nach dem Aussterben einer biologischen Art auf. Oft genug wird man über die Medien mit der »Roten Liste gefährdeter Arten« (= Red Data Book) konfrontiert, die die »International Union for Conservation of Nature and Natural Resources« (IUCN) in regelmäßigen Abständen veröffentlicht. Die Schicksale der vom Aussterben bedrohten Kandidaten dieser Liste sind in erschütternd vielen Fällen mit der krassen Unvernunft menschlichen Handels verknüpft. Beispielsweise ging der Chinesische Kugelfisch (*Takifugu chinensis*) in den letzten 40 Jahren in seinem Bestand um 99,99 Prozent zurück, weil er eine begehrte Delikatesse (»Fugu«) in Japan ist. Das Afrikanische Spitzmaulnashorn (*Diceros bicornis*) wiederum ist im Weiterbestand bedroht, weil seinem Horn in der »Traditionellen chinesischen Medizin« (TCM) eine potenzsteigernde Wirkung nachgesagt wird. Auch gilt in Jemen ein Dolch aus dem Horn des Spitzmaulnashorns als ein unschlagbares Männlichkeitssymbol, für das man(n) jede Summe gewillt ist zu bezahlen. Die Bedrohung der Tiger (*Panthera tigris*) durch illegale Bejagung kann unter eine sehr ähnliche Kategorie eingereiht werden, denn Tigerknochen zu Pulver verarbeitet gelten in der Chinesischen Medizin nahezu als Allheilmittel.

Biologische Arten haben aber auch ohne »menschliches« Zutun nur eine begrenzte Lebensdauer. Dabei gibt es zwei Möglichkeiten des »Verschwindens«: Entweder endet die Lebensspanne einer Art dadurch, dass sie sich in zwei oder mehrere von der Ursprungsart unterschiedliche Tochterarten aufspaltet, oder dadurch, dass sie über einen langen Zeitraum hinweg eine negative Wachstumsrate aufweist. Letzteres kann durch das Aufkommen überlegener Konkurrenten oder Prädatoren verursacht werden. Jedenfalls führt die Negativbilanz in der Nachkommenschaft zu einem Aussterben des biologischen Taxons, womit genetische Information verloren geht und die Biodiversität vermindert wird.

Aber wo ist Gaia, die Hüterin des Lebens, wenn eine Art für immer verschwindet? Sieht sie tatenlos zu, wenn die Biodiversität sinkt? Oder hat *Homo sapiens* Gaia bereits so sehr im Griff, dass sie nicht mehr handlungsfähig ist?

Es ist kaum zu leugnen, dass der heutige Artenverlust nahezu ausschließlich direkt oder indirekt auf menschliche Einwirkungen zurückgeht. Aber wie sieht es in der geologischen Vergangenheit aus, als der Mensch noch nicht existierte? Dass es im Laufe der Erdgeschichte immer ein »Kommen und Gehen« gegeben hat, ist allgemein verständlich. Wäre es nicht so, müssten sich in den Ozeanen noch Panzerfische, Ammoniten und Riesenechsen tummeln, und in den Wäldern hätte man sich vor Dinosauriern, »Terrorvögeln« und Säbelzahnkatzen in Acht zu nehmen.

Zu Beginn der 1980er Jahre hatte der amerikanische Paläontologe John J. Sepkoski (1948–1999) Lebensspannen von Familien und Gattungen mariner Organismen der vergangenen 540 Millionen Jahre kompiliert um evolutionäre Trends zu erfassen. Die Darstellung der Daten, die die Diversität der Familien und Gattungen über die Millionen Jahre hinweg erfasste, zeigte sich in einer Art »Fieberkurve«, deren prinzipieller Trend eine Zunahme der Vielfalt mit der Zeit erkennen lässt. Was aber als besonders markant an der inzwischen berühmt gewordenen »Sepkoski-Kurve« auffiel, war dass die tendenziell ansteigende Kurve ganz markante Einschnitte zeigte. Diese Einschnitte stellen dramatische Verluste der Biodiversität, verursacht durch sogenannte Massenaussterbeereignisse (mass extinctions) dar. Nachdem fünf solcher tiefen Eintalungen in der Sepkoski-Kurve vorhanden sind, werden häufig auch die größten Aussterbeereignisse des Phanerozoikums als »Big Five mass extinction events« bezeichnet. Diese fünf Ereignisse schrammten schon sehr nahe am ultimativen Aus für das gesamte komplexe Leben. Das erste und zugleich das zweitheftigste Ereignis der Erdgeschichte fand vor etwa 444 Millionen Jahren im oberen Ordovizium statt. Geschätzte 85 % der Arten mariner Lebewesen starben aus. Während der Zeit des Diversitätsschwundes stellte sich die stärkste Eiszeit des Phanerozoikums ein. Der CO_2-Entzung aus der Atmosphäre durch die Verwitterung des sich gerade bildenden Appalachen-Gebirgszuges dürfte für den Temperaturabfall verantwortlich gewesen sein. Aber auch die stärkere Bindung des Kohlenstoffs an Skelettkarbonate durch die nun erstmals in der Erdgeschichte aufkommenden Metazoenriffe hat dazu beigetragen, ebenso wie die ersten Landpflanzen, die Moose. Moose entfernen nicht nur das CO_2 aus der Atmosphäre. Sie sind auch in der Lage Calcium und Magnesium, aber auch Phosphor und Eisen aus granitischen Felsen abzubauen, um es für den Zellaufbau zu nutzen. Vermutlich gelangten die durch die Pflanzen aufgeschlossenen Nährstoffe vermehrt in die Meere, wo sie ein erhöhtes Wachstum der Algen herbeiführten. Diese wiederum verursachten eine erhöhte Senke von organischem Kohlenstoff im Meer, womit ein weiterer Schritt in der Temperaturabsenkung eingeleitet wurde. Durch den Aufbau der Inlandsvereisung auf der Südhemisphäre wurde der Meeresspiegel stark abgesenkt, womit es zusätzlich zum globalen Temperaturrückgang auch zu Arealverlusten für die im Flachwasser lebenden Organismen kam. Etwas mehr als 80 Millionen Jahre später kam es im oberen Devon erneut zu einem mehrphasigen Verlust der Biodiversität. Gegen 75 % der Arten verschwanden durch das Zusammenspiel von atmosphärischer Abkühlung und Sauerstoffmangel in den Ozeanen. Möglicherweise waren die sich gerade in einer starken Ausbreitungsphase befindenden Gefäßpflanzen an Land für das Kippen der Ökosysteme verantwortlich. Sie entzogen der Atmosphäre das Treibhausgas CO_2 und riefen damit einen Temperaturabfall hervor. Im Zuge der Abkühlungsphase stiegen sauerstoffarme Tiefenwässer in die seichten Meeresareale auf und »erstickten« die dort angesiedelten Organismen. Das dritte Massenaussterbeereignis fand zu Ende des Perms vor etwa 252 Millionen Jahren statt. Es war das stärkste Ereignis unter den »Big five«. 95 % der Arten im Meer und etwa 70 % der am Land lebenden Arten starben aus. Sogar ein Drittel der Insekten – heute die erfolgreichste Tiergruppe – verschwand. Als »Verursacher« dieser einzigartigen Katastrophe gelten riesige Vulkanausbrüche in Sibirien (»Sibirischer Trapp«) über einen Zeitraum von einer guten halben Million Jahre hinweg. Sie haben ungeheure Mengen an Gasen, die sauren Regen erzeugten, und feinste vulkanische Asche ausgestoßen, die über sehr lange Zeit in der Atmosphäre verblieben. Das alleine wäre schon schlimm genug gewesen, aber hat man schon Unglück, kommt Pech auch noch dazu. Die Lavamassen haben sich offensichtlich über die Kohleablagerungen aus der Karbonzeit ergossen. Lava trifft auf Kohle – das bedeutet die ungehemmte Freisetzung von Kohlenstoffdioxid und Schwefeldioxid. Die Atmosphäre erwärmte sich kurzerhand um etwa 5 °C. Versauerung der Ozeane und ein enormer Treibhauseffekt, der sich für Pflanzen und Tiere an Land und im Wasser katastrophal auswirkte, waren die logische Konsequenz. Um wieder zur einstigen Artenvielfalt zurückzufinden, benötigte es weitaus mehr als 10 Millionen Jahre. Das Leben ging nun ganz neue Wege, die vor allem die Wirbeltiere begünstigten. Die delfinähnlichen Ichthyosaurier wurden zu den dominierenden Raubtieren im Meer, säugetierähnliche Reptilien blühten an Land auf, ebenso wie die ersten, etwa katzen- und hundegroßen Dinosaurier, die sich in weiterer Folge noch zu wahren Monstern entwickeln sollten.

Vor etwa 200 Millionen Jahren, am Ende der Trias ereignete sich das nächste Massenaussterben. Dadurch, dass der Großkontinent Pangäa zerbrach und der zentrale Atlantik gerade im Entstehen war, bildete sich erneut eine großflächige Vulkanlandschaft (= central atlantic eruption), aus der geschätzte 8.000 Gt Kohlenstoffdioxid und über 2.000 Gt Schwefeldioxid in die Atmosphäre abgegeben wurden. In der Folge waren etwa die Hälfte bis Dreiviertel der Pflanzen und Tiere an Land wie in den Ozeanen von einer »Säureattacke« betroffen.

Mit großer Dramatik ereignete sich vor 66 Millionen Jahren das letzte große Massenaussterben. Die »Grenzschicht«, eine dünne Gesteinsschicht, die das Ereignis nahezu weltumspannend markiert, weist sich durch angereicherte Gehalte an Iridium aus, einem Element, das auf der Erde relativ selten vorkommt. Ebenso hat diese Schichte eine Chrom-Isotopenverteilung, die nur durch Beimischung von extraterrestrischem Material eines Asteroiden (griechisch *astēr* = Stern und *eides* = ähnlich) zu erklären ist. Zu diesen Indizien kommen noch weitere Hinweise auf eine Kollision mit einem extraterrestrischen Boliden, wie beispielsweise veränderte Kristallstrukturen an Quarzen (»geschockte Quarze«), die durch den enormen Aufschlagdruck entstehen, oder kleine Glaskügelchen (Mikrotektite), die Aufschmelzprodukte darstellen, Asche, die auf große Flächenbrände zurückzuführen ist, etc. Als Ort des Einschlags wird der »Chicxulub-Krater« nahe der Halbinsel Yucatán im Golf von Mexiko angesehen. Ob diese Kollision allerdings der alleinige Auslöser für das Aussterben von rund 50 % der damaligen Tierarten war, bei dem auch die Dinosaurier mit Ausnahme der Vögel und die Ammoniten verschwanden, ist nicht geklärt. Zusätzlich hat sicher auch der kontinentale Ausbruch eines Mantle-Plume in Vorderindien, der als Flutbasalt mit einer Fläche von mehr als 500.000 km³ vorliegt, zum weltweiten Öko-Desaster beigetragen.

Soviel zu den fünf größten Massenaussterbeereignissen des Phanerozoikums, zu denen sich noch weitere »kleinere« gesellten. Die von der Weltnaturschutzunion IUCN geäußerte Meinung, dass die gegenwärtige Aussterberate deutlich über dem 1.000-fachen der normalen Hintergrundaussterberate liegt, verstärkt die Vorstellung, dass Extremereignisse im Schwund der Biodiversität nicht ausschließlich der geologischen Vergangenheit angehören. Möglicherweise wohnen wir gerade einem Massenaussterben bei, oder verstärken dieses sogar aktiv. Der massive aktuelle Artenschwund ist in die aus der Erdgeschichte bekannten Ereignissen nur schwierig einzuordnen, weil heute andere Ursachen für den Rückgang der Artenvielfalt verantwortlich sind. Derzeit sind etwa 1,5 Millionen lebende Tierarten und etwa 500.000 Pflanzenarten wissenschaftlich beschrieben worden. Nach neueren Schätzungen der »Census of Marine Life«, einer internationalen Organisation, die die Artenvielfalt der Ozeane zu erfassen versucht, sollen 6,5 Millionen Arten an Land und 2,2 Millionen im Meer leben. Prokaryote Organismen sind in diesen Werten unberücksichtigt geblieben, Schätzungen belaufen sich auf etwa eine Milliarde. Den deutlich größten Anteil an Arten der Eukaryoten nehmen Tiere mit fast 90 % ein, gefolgt von Pilzen (beinahe 7 %) und Pflanzen (um 3 %). Was allerdings nicht vergessen werden sollte, ist dass diesen Abschätzungen zufolge rund 86 % der Arten an Land und 91 % der im Wasser lebenden Arten noch ihrer Entdeckung, Beschreibung und Katalogisierung harren. Der scheinbar beruhigend hohen Zahl an Arten auf unserer Erde stehen die erschütternden Schätzungen zum täglichen (!), unwiederbringlichen Artenverlust gegenüber. Sie schwanken zwischen 50 und 120, manchmal werden sogar noch höhere Werte angegeben. Nimmt man den niedrigsten Wert und rechnet diesen auf, so erreicht man nach 55 Jahren die Eine-Million-Marke an für immer verlorenen biologischen Arten. Das sind keine rosigen Aussichten.

Der Blick zurück in die Vergangenheit ist aber auch nicht vertrauenserweckend, denn außer den genannten Krisenzeiten gab es ein häufiges Wechselspiel von Perioden, zu denen es dem höheren Leben einmal besser und dann wieder schlechter ging. Der Gaia-Theorie zufolge hätte das Leben selbst jene Prozesse abfedern müssen, die sie – wohl auch selbstverschuldet – in Gefahr brachten. Etwas pessimistischer betrachtet ist also das Leben ständig im Kampf um das

Überleben. Die Massenaussterbeereignisse gehören also möglicherweise zum »Normalinventar« unserer Erde. Demnach müsste man die Tatsache, dass höhere Lebensformen solche gewaltigen Krisen fünf Mal überlebten, als pure Glücksfälle werten.

QUO VADIS?
WAS BRINGT DIE ZUKUNFT?

Natürlich gibt es auch Vorstellungen, wie die Erde in den nächsten 200 bis 250 Millionen Jahren aussehen könnte und es gibt auch eine Reihe von Namen, die für den nächsten Superkontinent vorgeschlagen wurden. Eine der Überlegungen zum nächsten Superkontinent lässt Amerikanische und Eurasische Landmassen in der Nähe des heutigen Nordpols zu »Amasia« (Amerika und Eurasien) gruppieren. In einer anderen Vorstellung wird der Atlantik wieder geschlossen und alle heutigen Kontinente werden in Äquatornähe zu »Pangaea Ultima« vereint. Wenn wir uns die Prinzipien der an die Manteldynamik gekoppelten Bewegungen von Kontinentalmassen vor Augen halten, sind wir in der Lage das Reich der Spekulationen zu verlassen und begründbare Thesen aufzustellen. Wir kennen die heutige thermische Struktur des Mantels und wissen, dass Umwälzungen im Mantel auf einer Zeitskala von mindestens 100 Millionen Jahren passieren. Vom Studium älterer Superkontinente wissen wir, dass sich Kontinentalmassen von Orten aufsteigender, heißer Mantelströme wegbewegen. Dies sind zugleich Orte aufgewölbter Lithosphäre, die wir bereits als »Geoid Highs« kennengelernt haben. Wir wissen auch, dass sich Platten zu Orten kalter, absteigender Mantelströme, sogenannten »cold downwellings«, hinbewegen. Nun gilt es nur noch festzustellen, wo diese Orte auf der heutigen Erde sind. Zwei Gebiete mit aufsteigendem, heißen Mantelmaterial und abnormal großer Höhenlage sind durch die Analyse der Ausbreitungsgeschwindigkeiten seismischer Wellen, aber auch durch die hohe Dichte an Hotspots, gut bekannt. Ein Gebiet liegt im zentralen Pazifik, nämlich die »Pazifische Superschwelle«, an der der Ozeanboden in einem Bereich von etwa 3.000 Kilometern Durchmesser etwa 300 Meter über seinem Normalniveau liegt. Dort gibt es aber keine kontinentale Kruste, die zergleiten könnte. Das andere Gebiet ist die »Afrikanische Superschwelle« mit einer ebenfalls hohen Dichte an Hot Spots. An diesem Ort hatte das Zerbrechen Pangaeas eingesetzt und dauert weiterhin noch an. Im Gegenzug liegt der kälteste« Ort der Erde aus der Sicht der Manteltomografie im westpazifischen Raum, wo sich der Asiatische »Cold Superplume« befindet, ein Gürtel der sich von den Fidschi Inseln über Ostaustralien, Indonesien, Thailand zur Ostküste Chinas erstreckt. Ein zweiter, aber kleinerer »cold spot« liegt nahe der Südspitze Südamerikas. Der Raum des Asiatischen »Cold Superplumes« zeichnet sich durch seine überdurchschnittlich hohe Dichte an Subduktionszonen aus, die überdies noch gegeneinander geneigt sind. Ein senkrechter Schnitt durch die Erdkruste von Sumatra im Südwesten zum Marianengraben im Nordosten zeigt vier Subduktionszonen. Im Südwesten tauchen die Indo-Australische Platte und die Indonesische Platte mit Geschwindigkeiten von etwa 8 Zentimetern pro Jahr nach Nordwesten ab. Die Platte des Philippinischen Ozeans und die Pazifische Platte werden in Richtung Südwest mit Geschwindigkeiten von etwa 8 bis 11 Zentimetern pro Jahr subduziert. Insgesamt ergibt das eine sogenannte »Y-Geometrie« der abtauchenden Platten. Vom Standpunkt des Wärmehaushalts der Erde bedeutet dies, dass hier eine große Menge an kalter und an Wasser sehr reichhaltiger Kruste in eine Tiefe von etwa 660 Kilometern, also an die Grenze zwischen oberem und unterem Mantel gelangt. Der Wassergehalt des Mantels unter den Philippinen wurde auf 0,2 Gewichtsprozent geschätzt, ein unglaublich hoher Wert angesichts der Tatsache, dass die Minerale eines »normalen« Mantels nahezu wasserfrei sind. Die Entwässerung des akkumulierten ozeanischen Plattenmaterials führt einerseits zu intensivem Vulkanismus, verringert andererseits aber auch die Festigkeit der darüber liegenden Lithosphäre. Dies könnte eine Erklärung dafür sein, dass es in diesem Raum derartig viele Mikroplatten gibt. Die Anwesenheit von vielen, flachliegenden Plattenresten (»stagnant slabs«) in einer Tiefe von etwa 600 Kilometern ist durch seismische Daten belegt. Dieser Bereich wird »Western Pacific slab graveyard«, also westpazifischer Friedhof der Platten genannt. Nach ihrer vollständigen Entwässerung sinken sie in die Tiefe und tragen zur Kühlung des äußeren Kerns bei. Jedenfalls ist der ostpazifische Raum der wahrscheinlichste Ort, an dem sich die zerfallenden Kontinentalfragmente Pangaeas zu einem neuen Superkontinent vereinen könnten.

Auch sollte für so langfristige Zukunftsüberlegungen bedacht werden, dass die moderne Plattentektonik einen äußerst effektiven Kühlprozess darstellt und damit zur Eigengefahr für die Erde werden kann. Die Temperatur des Mantels könnte soweit absinken, dass sich keine Schmelzen mehr unter den mittelozeanischen Rücken bilden können. Die mittelozeanischen Rücken könnten »einfrieren« und die Plattenbewegungen wären dadurch gestoppt, ein Prozess der als »ridge lock« bezeichnet wird. Die unbeweglichen Platten würden wieder zu einer »stagnant lid«-Phase auf der Erde führen. Diese müsste theoretisch wieder zu einem Anstieg der Manteltemperatur führen und Plattentektonik oder Plume-Tektonik könnte sich neuerlich entwickeln. Die tektonischen Prozesse der Erde verlaufen nicht-linear. Die gewaltigen Unterschiede zwischen den Temperaturen des Mantels und der Erdoberfläche, sowie die unterschiedlichen Kühlprozesse (Lid-Tektonik, Plume-Tektonik, Plattentektonik) machen die Erde grundsätzlich instabil. Wir wissen nicht wie lange die Plattentektonik noch die Gestalt der Erde prägen wird, es ist aber unwahrscheinlich, dass sie während der restlichen Lebensdauer unseres Planeten Bestand haben wird.

Wie es mit dem Leben auf der Erde weitergehen wird, liegt für die nächsten vielleicht wenigen hundert bis tausenden Jahre im hohen Ausmaß in der Verantwortung des Menschen. Skeptiker meinen, dass der derzeitige, weitgehend anthropogen verursachte Artenschwund der Vorbote eines bereits in Gang gesetzten Massenaussterbeereignisses wäre. Sich auszumalen, welchen Entwicklungsweg die Menschheit einschlagen wird, würde den Boden naturwissenschaftlicher Prognosen verlassen und in Spekulationen enden. Der technologische Fortschritt wird aber mit an Sicherheit grenzender Wahrscheinlichkeit die menschliche Gesellschaft auf nahezu unvorstellbare Weise verändern. Allen voran wäre eine totale Beherrschung der »biologischen Welt« zu erwarten. Defekte Gene zu tauschen bzw. zu reparieren, oder in den Konstruktionsplan des Gehirns einzugreifen, wären entsprechende Optionen. Solche Szenarien würden sich vor klimatischen Änderungen auf unserer Erde abspielen, denn soviel erscheint aus den langfristigen Klimaprognosen als gesichert zu gelten: Die nächste Eiszeit steht bevor! Wann diese allerdings beginnen wird, dazu gehen die Meinungen auseinander. Der allgemein diskutierte Spielraum, wann die Kälteperiode einsetzen wird, reicht von gerade 100 Jahren bis zu Prognosen, die zwei Zehnerpotenzen darüber liegen. Die Geister scheiden sich vor allem an der Periodenlänge der Aktivitätsschwäche in der Wärmestrahlung der Sonne, die zur Berechnungsgrundlage herangezogen wird. Die letzte Warmzeit, die wir gerade erleben, dauert jedenfalls bereits 12.000 Jahre an und stellt damit die längste Warmperiode der vergangenen 420.000 Jahre dar. Die kalten Perioden hielten wesentlich länger an, und übertragen auf die zu erwartende Kaltzeit werden im nördlichen Sektor der Nordhalbkugel (Kanada, Nordeuropa Russland, etc.) mächtige Eisschilde wachsen, die die Wasserbilanz der Ozeane dahingehend beeinflussen, dass der Meeresspiegel weltweit um etwa 130 Meter absinken wird – soviel zur Perspektive in die nahe geologische Zukunft.

Die zukünftige Entwicklung der Kontinente in den vorangestellten Szenarien wird für die Entwicklung der Organismen eine ebenso bedeutungsvolle Rolle spielen, wie in der geologischen Vergangenheit – vorausgesetzt der Mensch bzw. seine Nachfahren haben nicht allzu störend in die Biosphäre eingegriffen. Doch nach etwa 500 Millionen Jahren werden sich definitive »Altersschwächen« im System Erde einstellen. Durch die zunehmende Sonnenstrahlungsaktivität wird sich die Erde ständig erwärmen, was zur Folge hat, dass silikatische Gesteine intensiver verwittern. Entsprechend progressiver wird der Atmosphäre CO_2 entzogen, denn mit der Temperatur steigt ja die Verwitterungsrate. Die Pflanzen werden diesen Effekt durch die Fotosynthese und die Aktivität der Wurzeln noch verschärfen. Für eine lange Periode würde der Temperaturanstieg infolge der stärkeren Sonnenstrahlung noch kompensiert werden, doch irgendwann sollte der kritische Punkt erreicht sein, an dem die Atmosphäre nicht mehr genügend CO_2 zur Aufrechterhaltung der Fotosynthese enthält. Ab diesem Moment könnte sich ein apokalyptisches Schauspiel einstellen, das jedem Hollywood-Blockbuster die Show stiehlt. Pflanzen verwelken und sterben, Nahrungsketten kollabieren, Tiere werden verhungern. Sind die Pflanzen verschwunden, wird der CO_2-Gehalt der Atmosphäre wieder ansteigen und einen verschärften Treibhauseffekt auslösen. Für eine geraume Zeit lang würden dann wiederum Mikroben den Planeten dominieren. Wie zur Frühzeit unserer Erde …

Weiterführende und ergänzende Literatur

Condie, K. C. 2011. Earth as an evolving planetary system. Academic Press, Elsevier.

de Duve, C. 2011. Die Genetik der Ursünde. Die Auswirkung der natürlichen Selektion auf die Zukunft der Menschheit. Spektrum Verlag.

Drews, G. 2011. Mikrobiologie. Die Entdeckung der unsichtbaren Welt. Springer.

Frisch, W.; Meschede, M. 2013. Plattentektonik. Kontinentverschiebung und Gebirgsbildung Primus Verlag.

Hanslmeier, A. 2011. Kosmische Katastrophen: Weltuntergänge? Was sagt die Wissenschaft dazu? Vehling Verlag.

Schroeder, R. 2011. Die Henne und das Ei. Auf der Suche nach dem Ursprung des Lebens. Residenz Verlag.

Ulmschneider, P. 2014. Vom Urknall zum modernen Menschen. Die Entwicklung der Welt in zehn Schritten. Springer Spektrum.

Zur Erstellung der »Geschichte der Erde« wurde eine umfangreiche Fachliteratur verwendet. Die Autoren sind bereit, auf Anfrage den Lesern eine Liste der verwendeten Artikel zu den einzelnen Kapiteln zur Verfügung zu stellen.

Stichwortverzeichnis

Weitere spannende Titel bei marixwissen:

Isabella Ackerl

Mutige Frauen

46 Porträts

Gebunden mit Schutzumschlag
224 Seiten | Format 12,5 x 20 cm
ISBN 978-3-86539-995-3

Isabella Ackerl

Die bedeutendsten Österreicher

des 19. und 20. Jahrhunderts

Gebunden mit Schutzumschlag
256 Seiten | Format 12,5 x 20 cm
ISBN 978-3-86539-958-8

Dieter A. Binder

Die Freimaurer

Geschichte, Mythos und Symbole

Gebunden mit Schutzumschlag
192 Seiten | Format 12,5 x 20 cm
ISBN 978-3-86539-948-9

Susanne Martinssen-von Falck,
Martin von Flack

Die großen Pharaonen

Von der Frühzeit bis zum Mittleren Reich

Gebunden mit Schutzumschlag

256 Seiten | Format 12,5 x 20 cm

ISBN 978-3-7374-0976-6

Jürgen Nautz

Die großen Revolutionen der Welt

Gebunden mit Schutzumschlag

224 Seiten | Format 12,5 x 20 cm

ISBN 978-3-86539-935-9

Ludolf Pelizaeus

Der Kolonialismus

Gebunden mit Schutzumschlag

256 Seiten | Format 12,5 x 20 cm

ISBN 978-3-86539-941-0

Marco Sigg

Der Zweite Weltkrieg

1937–1945

Gebunden mit Schutzumschlag

256 Seiten | Format 12,5 x 20 cm

ISBN 978-3-86539-994-6

Ulrike Peters

Die Germanen

Geschichte in Lebensbildern

Gebunden mit Schutzumschlag

224 Seiten | Format 12,5 x 20 cm

ISBN 978-3-86539-989-2

Lenelotte Möller

Die Salier

1024–1125

Gebunden mit Schutzumschlag

224 Seiten | Format 12,5 x 20 cm

ISBN 978-3-86539-991-5

Reinhard Pohanka

Die Urgeschichte Europas

Gebunden mit Schutzumschlag
256 Seiten | Format 12,5 x 20 cm
ISBN 978-3-86539-996-0

Andreas Hartmann u. Michael Neumann (Hrsg.)

Menschen, die Geschichte schrieben
Vom Barock zur Aufklärung

Gebunden mit Schutzumschlag
256 Seiten | Format 12,5 x 20 cm
ISBN 978-3-86539-987-8

Betsy van Schlun u. Michael Neumann (Hrsg.)

Menschen die Geschichte schrieben
Das 19. Jahrhundert

Gebunden mit Schutzumschlag
256 Seiten | Format 12,5 x 20 cm
ISBN 978-3-86539-988-5

Weitere Infos auf www.verlagshaus-roemerweg.de